원리와 사고력이 가득한 퍼즐 팩토리

맛있는 퍼팩 연산

30까지의 수의
덧셈과 뺄셈

수학의 언어, **수와 연산!**

수와 연산은 수학 학습의 첫 걸음이며 가장 기본이 되는 영역입니다.
모든 수학의 영역에서 수와 연산은 개념을 표현하는 도구 뿐만이 아닌, 문제 해결의 도구이기도 합니다. 따라서 수학의 언어라고 할 수 있습니다.
언어를 제대로 구사하지 못한다면 생각을 제대로 표현하지 못하고, 의사소통과 상호작용에 문제가 생기게 됩니다. 수학의 언어도 이와 마찬가지로 연산의 기본이 제대로 훈련되지 않으면 정확하게 개념을 이해하기 힘들고, 문제 해결이 어려워지므로 더 높은 단계의 개념과 수학의 다양한 영역으로의 확장에 걸림돌이 될 수 밖에 없습니다.
연산은 간단하고 가볍게 여겨질 수 있지만 앞으로 한 걸음씩 나아가는 발걸음에 큰 영향을 줄 수 있음을 꼭 기억해야 합니다.

피할 수 없다면, **재미있는 반복을!**

유아에서 초등 저학년의 아이들이 집중할 수 있는 시간은 길지 않고, 새로운 자극에 예민하며 호기심은 높습니다. 하지만 연산 학습에서 피할 수 없는 부분은 반복 훈련입니다. 꾸준한 반복 훈련으로 아이들의 뇌에 연산의 원리들이 체계적으로 자리를 잡으며 차근차근 다음 단계로 올라가는 것을 목표로 해야 하기 때문입니다.
따라서 피할 수 없다면 재미있는 반복을 통하여 즐거운 연산 훈련을 하도록 해야 합니다. 구체적인 상황과 예시, 다양한 방법을 통한 반복적인 연습을 통하여 기본기를 다지며 연산 원리를 적용할 수 있는 능력을 키울 수 있습니다.
상상만으로 암기하고, 기계적인 반복으로 주입하는 방식으로는 더이상 기본기를 탄탄히 다질 수 없습니다.

왜? 맛있는 퍼팩 연산이어야 할까요!

확실한 원리 학습

문제를 풀면서 희미하게 알게 되는 원리가 아닌, 주제별 원리를 정확하게 배우고, 따라하고, 확장하는 과정을 통해 자연스럽게 개념을 이해하고 스스로 문제를 해결할 수 있습니다.

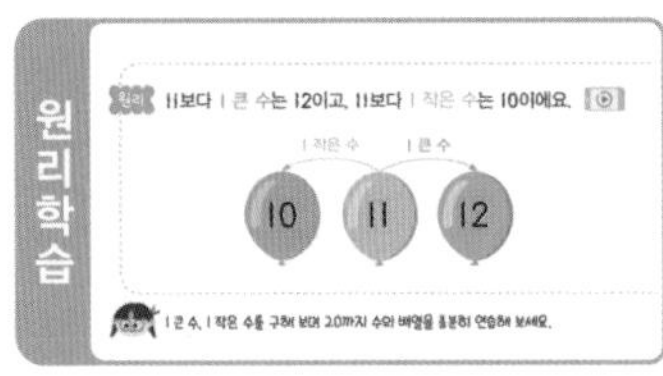

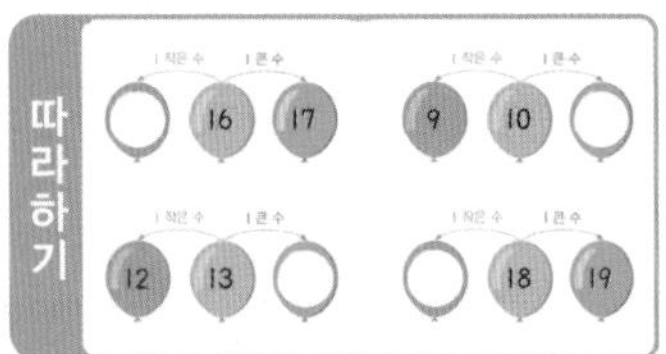

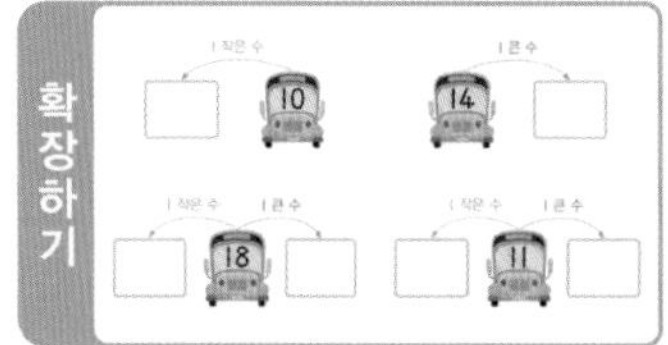

효과적인 반복 훈련의 구성

다양한 방법으로 충분히 원리를 이해한 후 재미있는 단계별 퍼즐을 스스로 해결함으로써 수학 학습에 대한 동기를 부여하여 규칙적으로 훈련하고자 하는 올바른 수학 학습 습관을 길러 줍니다.

예시 S단계 4권 _ 2주차 : 더하기 1, 빼기 1

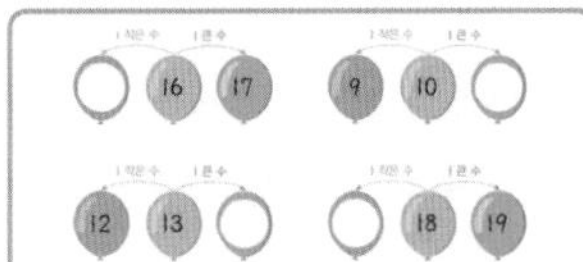

수의 순서를 이용하여
1 큰 수, 1 작은 수 구하기

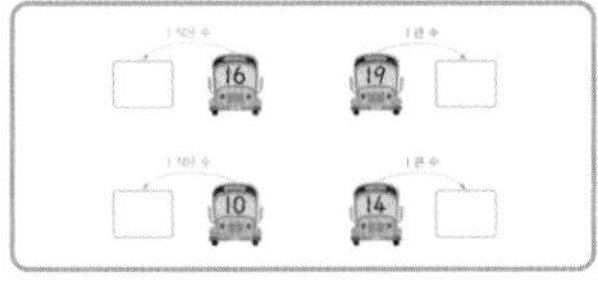

빈칸 채우기

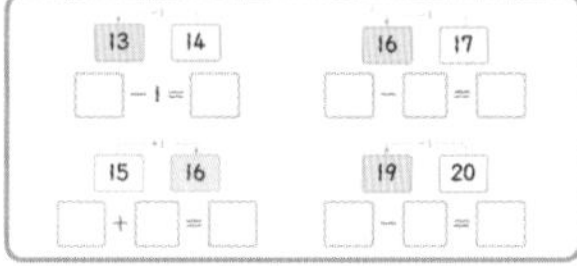

큰 수와 작은 수를 이용한
더하기, 빼기

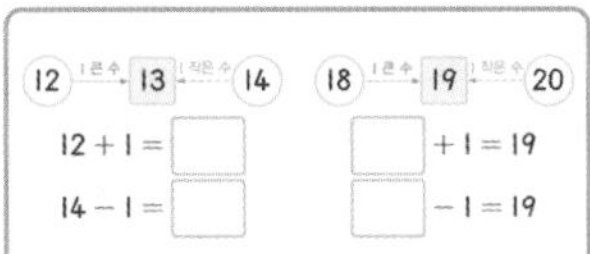

같은 수를 더하기와 빼기로 표현

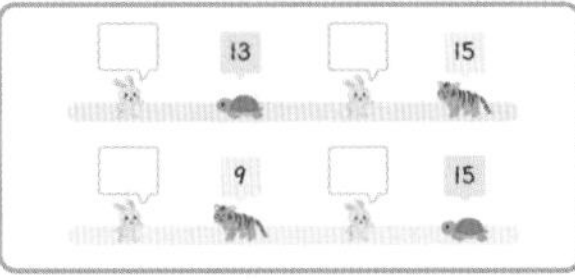

규칙을 이용하여 빈칸 채우기

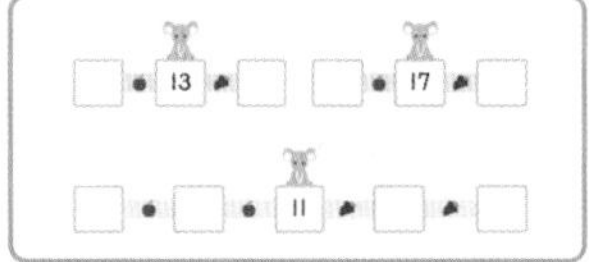

규칙을 이용하여 빈칸 채우기

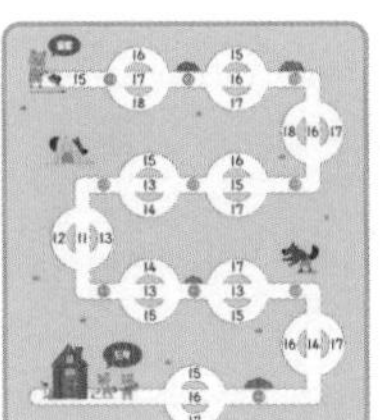

창의·융합 활동을 이용한
더하기, 빼기

같은 계산 결과끼리
선 연결하기

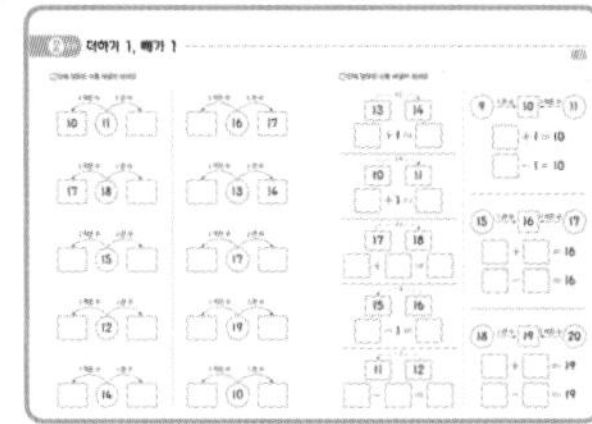

드릴 연산

한 주의 주제를 구체물, 그림, 퍼즐 연산, 수식 등의 다양한 방법을 통하여 즐겁게 반복합니다.
원리를 충분히 활용하여 재미있게 구성한 퍼즐 연산은 각 퍼즐마다 사고력의 단계를 천천히 높여가므로 탄탄한 계산력이 다져지는 것과 함께 사고력도 키울 수 있습니다.

구성과 특징

본문

주별 학습 주제에 맞춰 1~3일차에는 원리 이해와 충분한 연습을 하고,
4~5일차에는 흥미 가득한 퍼즐 연산으로 사고력까지 키워요.

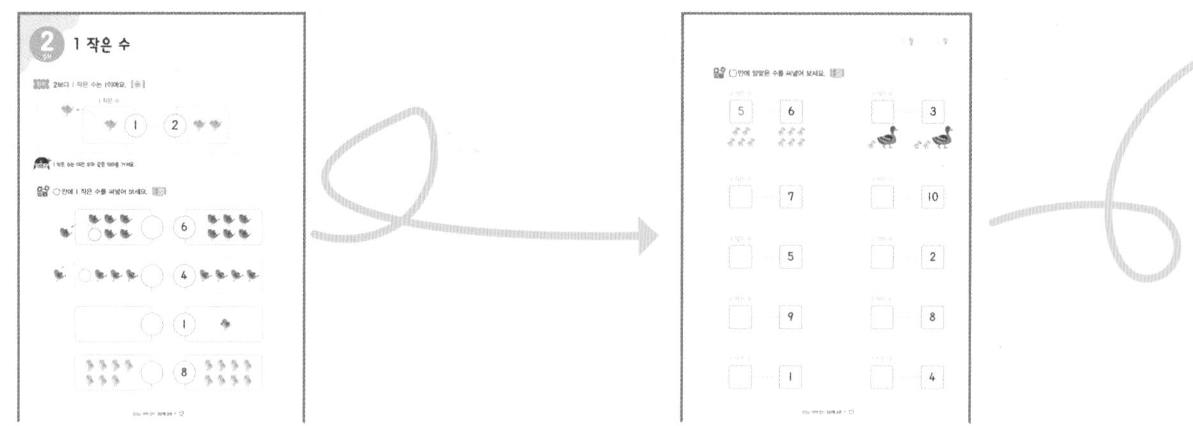

1 한눈에 쏙! 원리 연산

간결하고 쉽게 원리를 배우고
따라해 보면 쉽게 이해할 수 있어요.

2 이해 쑥쑥! 연산 연습

반복 연습을 통해 연산 원리에
대한 이해를 높일 수 있어요.

부록

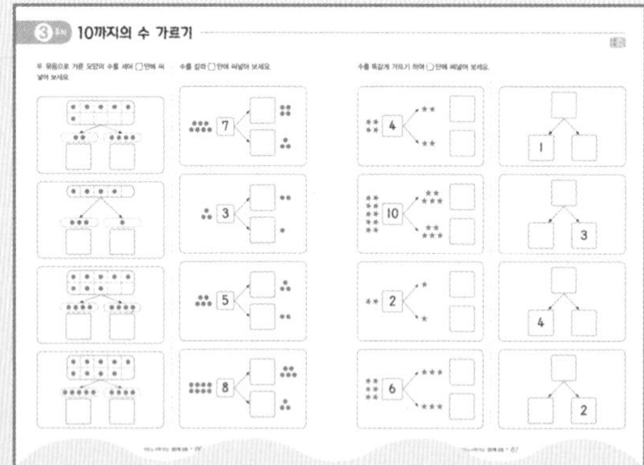

5 집중! 드릴 연산

주별 학습 주제를 복습할 수 있는 드릴 문제로
부족한 부분을 한 번 더 연습할 수 있어요.

이렇게 활용해 보세요!

● 하나

교재의 한 주차 내용을
학습한 후, 반복 학습용으로
활용합니다.

●● 둘

교재의 모든 내용을
학습한 후, 복습용으로
활용합니다.

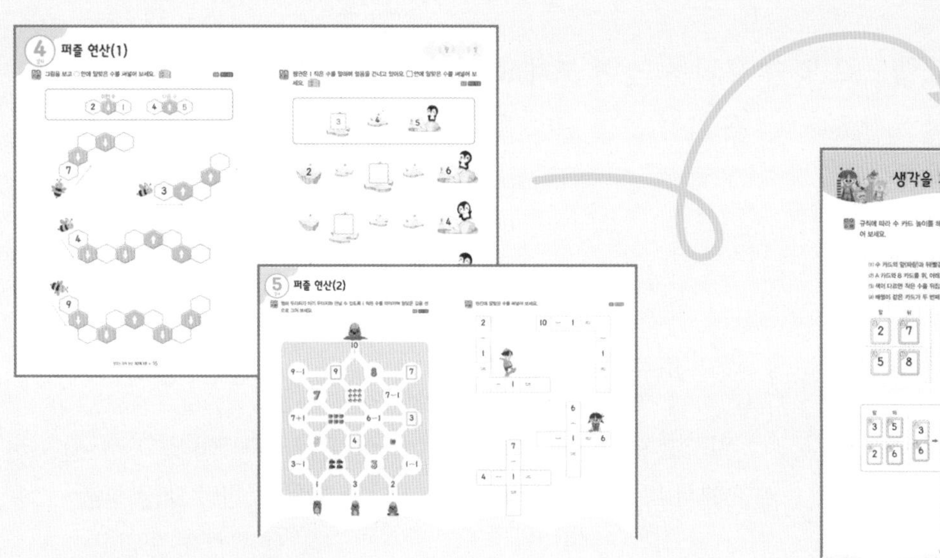

3 흥미 팡팡! 퍼즐 연산

다양한 형태의 문제를 재미있게 연습하며 원리를 적용하는 방법을 익히고 응용력을 키울 수 있어요.

* 퍼즐 연산의 각 문제에 표시된 추론, 문제해결, 의사소통, 정보처리, 창의·융합 은 초등수학 교과역량을 나타낸 것입니다.

4 생각을 모아요! 퍼팩 사고력

4주 동안 배운 내용을 활용하고 깊게 생각하는 문제를 통해서 성취감과 함께 한 단계 발전된 사고력을 키울 수 있어요.

좀 더 자세히 알고 싶을 땐, 동영상 강의를 활용해 보세요!

주차별 첫 페이지 상단의 QR코드를 스캔하면 무료 동영상 강의를 볼 수 있어요. 본문의 원리와 모든 문제를 알기 쉽고 친절하게 설명한 강의를 충분히 활용해 보세요.

‘맛있는 퍼팩 연산’ APP 이렇게 이용해요.

1. 맛있는 퍼팩 연산 전용 앱으로 학습 효과를 높여 보세요.

맛있는 퍼팩 연산 교재만을 위한 앱에서 자동 채점, 보충 문제, 동영상 강의를 이용할 수 있습니다.

자동 채점

학습한 페이지를
핸드폰 또는 태블릿으로
촬영하면 자동으로
채점이 됩니다.

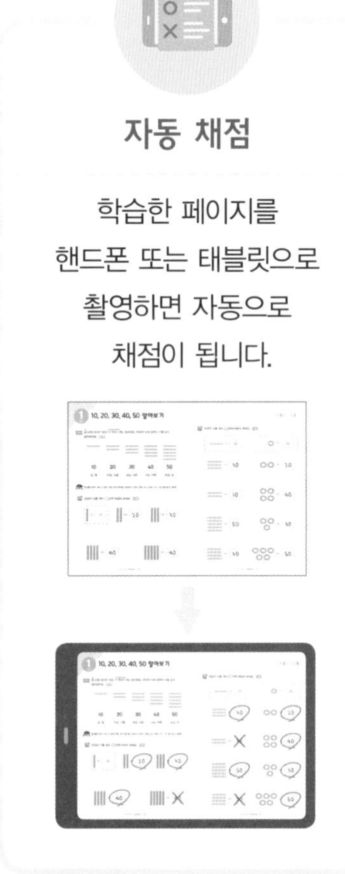

보충 문제

일차별 학습 완료 후
APP에서 보충 문제를 풀고,
정답을 입력하면
바로 채점 결과를
알 수 있습니다.

동영상 강의

좀 더 자세히 알고 싶은
내용은 원리 개념 설명
및 문제 풀이 동영상
강의를 통하여 완벽하게
이해할 수 있습니다.

2. 사용 방법

구글 플레이스토어에서 **‘맛있는 퍼팩 연산’** 앱 다운로드

앱스토어에서 **‘맛있는 퍼팩 연산’** 앱 다운로드

＊앱 다운로드

Android  iOS 

＊‘맛있는 퍼팩 연산’ 앱은 2022년 7월부터 체험이 가능합니다.

맛있는 퍼팩 연산 | 단계별 커리큘럼

* 제시된 연령은 권장 연령이므로 학생의 학습 상황에 맞게 선택하여 사용할 수 있습니다.

S단계 | 5~7세

1권	9까지의 수	4권	20까지의 수의 덧셈과 뺄셈
2권	10까지의 수의 덧셈	5권	30까지의 수의 덧셈과 뺄셈
3권	10까지의 수의 뺄셈	6권	40까지의 수의 덧셈과 뺄셈

P단계 | 7세 · 초등 1학년

1권	50까지의 수	4권	뺄셈구구
2권	100까지의 수	5권	10의 덧셈과 뺄셈
3권	덧셈구구	6권	세 수의 덧셈과 뺄셈

A단계 | 초등 1학년

1권	받아올림이 없는 (두 자리 수)+(두 자리 수)	4권	받아올림과 받아내림
2권	받아내림이 없는 (두 자리 수)−(두 자리 수)	5권	두 자리 수의 덧셈과 뺄셈
3권	두 자리 수의 덧셈과 뺄셈의 관계	6권	세 수의 덧셈과 뺄셈

B단계 | 초등 2학년

1권	받아올림이 있는 두 자리 수의 덧셈	4권	세 자리 수의 뺄셈
2권	받아내림이 있는 두 자리 수의 뺄셈	5권	곱셈구구(1)
3권	세 자리 수의 덧셈	6권	곱셈구구(2)

C단계 | 초등 3학년

1권	(세 자리 수)×(한 자리 수)	4권	나눗셈
2권	(두 자리 수)×(두 자리 수)	5권	(두 자리 수)÷(한 자리 수)
3권	(세 자리 수)×(두 자리 수)	6권	(세 자리 수)÷(한 자리 수)

차례

1 주차 30까지의 수 알아보기

1주차에서는 21부터 30까지의 수를 알아보고, 수의 순서를 배웁니다.
4권까지 배운 20까지의 수를 확장하여 30까지의 수를 익히며
수 체계의 기초를 다질 수 있습니다.

1 일차	21~30 알아보기
2 일차	21~30까지 수의 순서
3 일차	다음 수, 이전 수, 사이의 수
4 일차	퍼즐 연산 (1)
5 일차	퍼즐 연산 (2)

21~30 알아보기

21부터 30까지의 수를 알아보아요.

21	22	23	24	25
이십일, 스물하나	이십이, 스물둘	이십삼, 스물셋	이십사, 스물넷	이십오, 스물다섯

26	27	28	29	30
이십육, 스물여섯	이십칠, 스물일곱	이십팔, 스물여덟	이십구, 스물아홉	삼십, 서른

10개씩 묶음 2개와 낱개 3개를 23이라고 합니다.

23을 '이십셋' 또는 '스물삼'이라고 읽지 않도록 주의해요.

색연필의 수를 세어 □ 안에 써넣어 보세요.

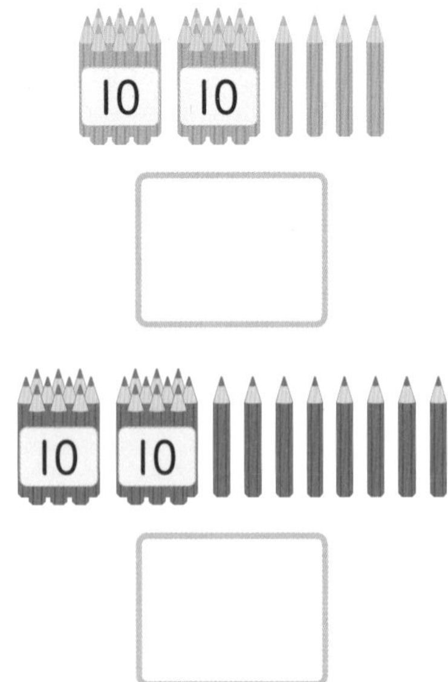

바구니 안에 과일을 10개씩 담았어요. 수를 세어 □ 안에 써넣고 바르게 읽은 것에 ◯ 해 보세요.

이십일	스물둘

십칠	스물일곱

이십육	스물다섯

이십구	스물여덟

스물	서른

2 일차 21~30까지 수의 순서

 원리 21부터 30까지 수의 순서를 알아보아요.

21	22	23	24	25	26	27	28	29	30
이십일	이십이	이십삼	이십사	이십오	이십육	이십칠	이십팔	이십구	삼십

수의 순서를 바르게 하여 □ 안에 써넣어 보세요.

30 27 23 → □ □ □

24 22 28 → □ □ □

20 23 25 → □ □ □

26 30 28 → □ □ □

29 27 21 → □ □ □

 30까지의 수 배열표를 보고, 빈칸에 알맞은 수를 써넣어 보세요. 

1	2	3	4	5	6	7	8	9	10
11	12	13	14	15	16	17	18	19	20
21	22	23	24	25	26	27	28	29	30

19		21					

20							

17							

23							

15							

다음 수, 이전 수, 사이의 수

21부터 30까지의 수가 있어요. 23 다음 수는 24이고, 25 이전 수는 24예요. 

다음 수 이전 수

21 22 23 24 25 26 27 28 29 30

사이의 수

23 다음 수이면서 25 이전 수인 24를 사이의 수라고 해요.

20 다음 수는 21이라는 것을 학습하게 되면 20보다 1 큰 수는 21이라는 것을 쉽게 알 수 있어요.

 빈칸에 알맞은 수를 써넣어 보세요. 

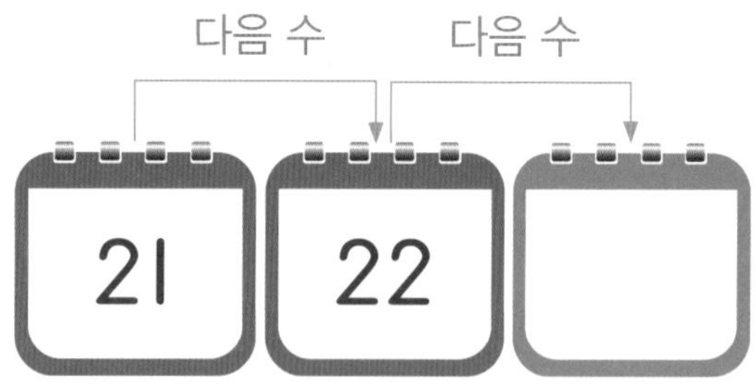

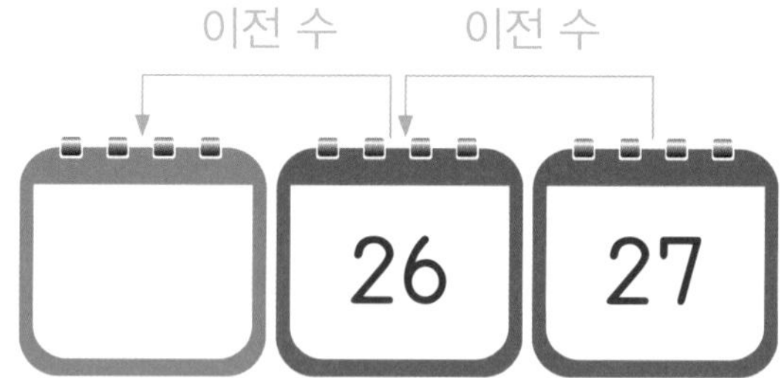

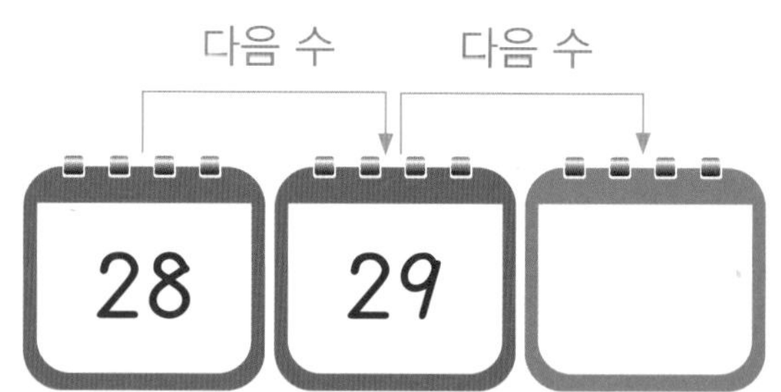

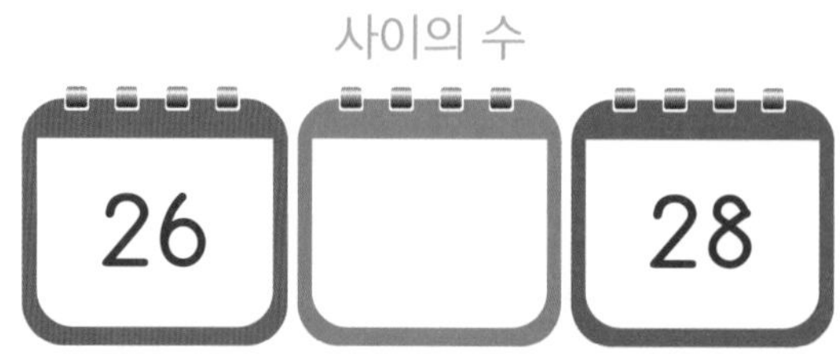

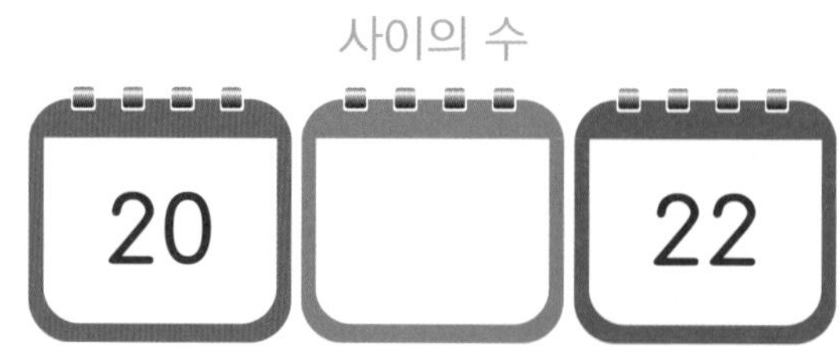

 □ 안에 알맞은 수를 써넣어 보세요. 

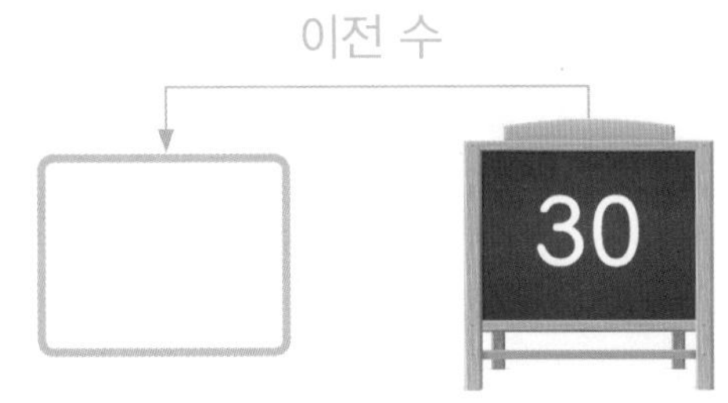

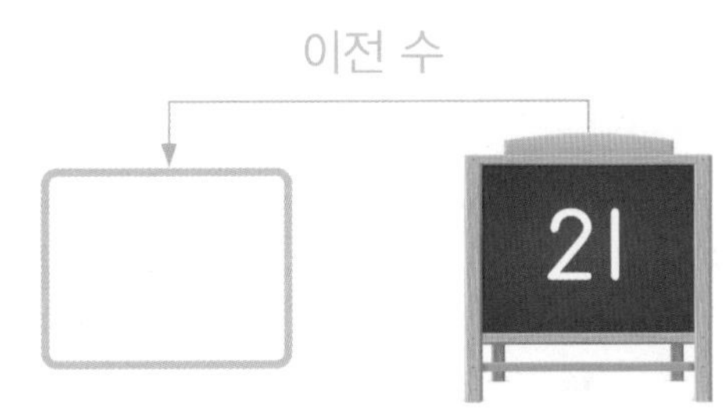

퍼즐 연산(1)

 동물들이 말하는 두 수 사이의 수를 □ 안에 써넣어 보세요.  추론

스물하나

이십사 이십육

스물여덟 삼십

십구 이십일

이십육 스물여덟

스물일곱 이십구

동물들이 수를 순서대로 말하는 놀이를 하고 있어요. ☐ 안에 알맞은 수를 써넣어 보세요.

추론

퍼즐 연산(2)

 알맞은 것끼리 선을 그어 보세요.

이십이	29 다음 수
스물다섯	23 이전 수
이십구	24 다음 수
삼십	30 이전 수
스물하나	20과 22 사이의 수

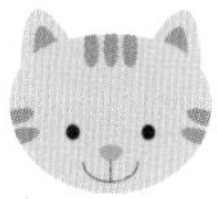

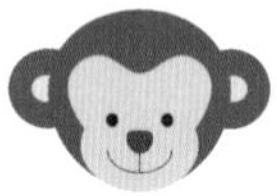

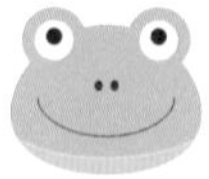

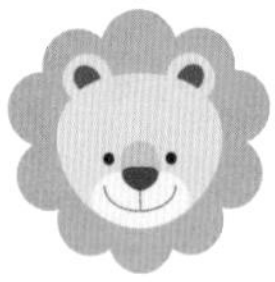

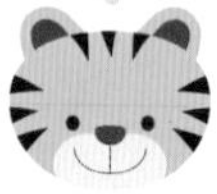

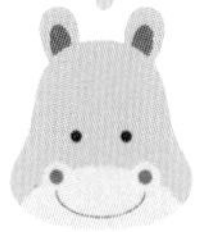

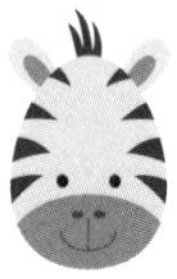

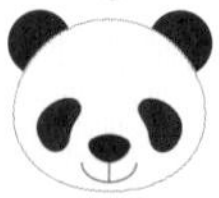

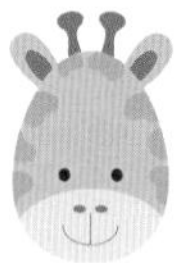

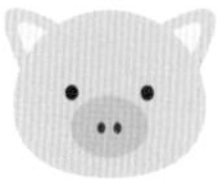

작은 수부터 순서대로 □ 안에 써넣고, 가장 작은 수를 ○ 안에 써넣어 보세요.

추론 문제해결

23 26 29 (23)

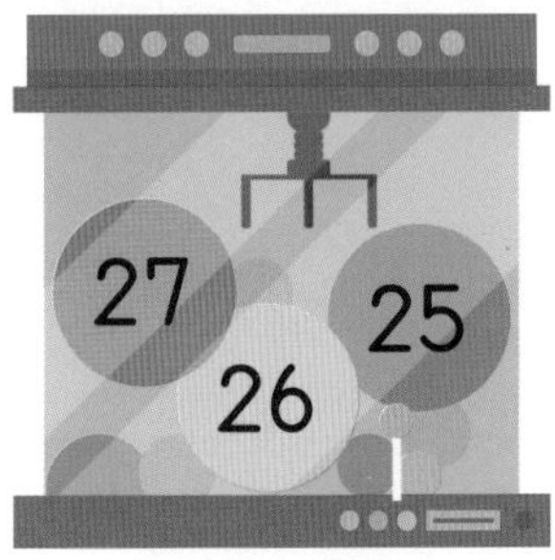

붙임딱지

각각의 수가 나타내는 놀이 기구와 상점이 있어요. 수를 세어 □ 안에 써넣고, 그 수에 맞는 붙임딱지를 ◯에 붙여 보세요.

추론 문제해결 창의·융합

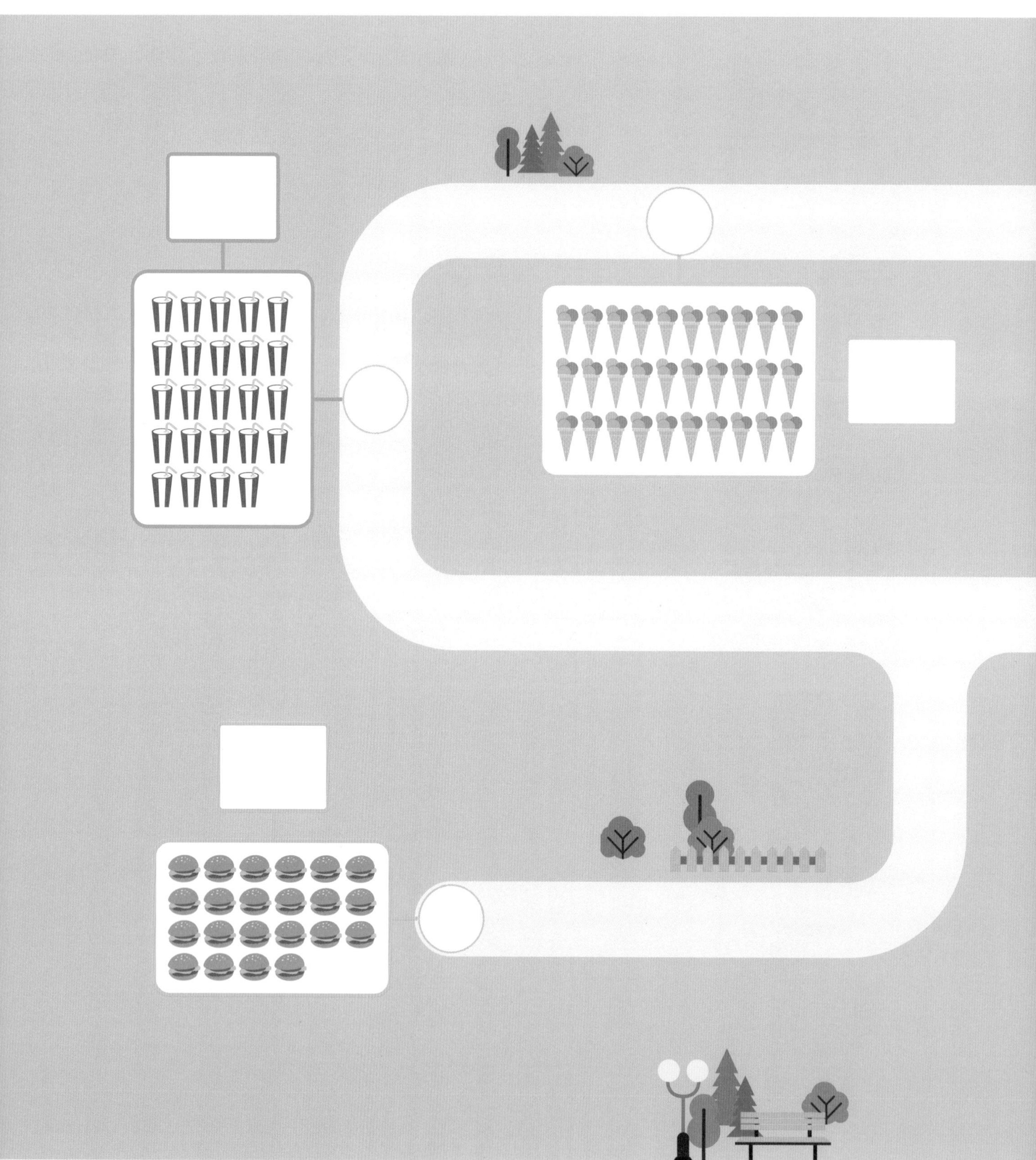

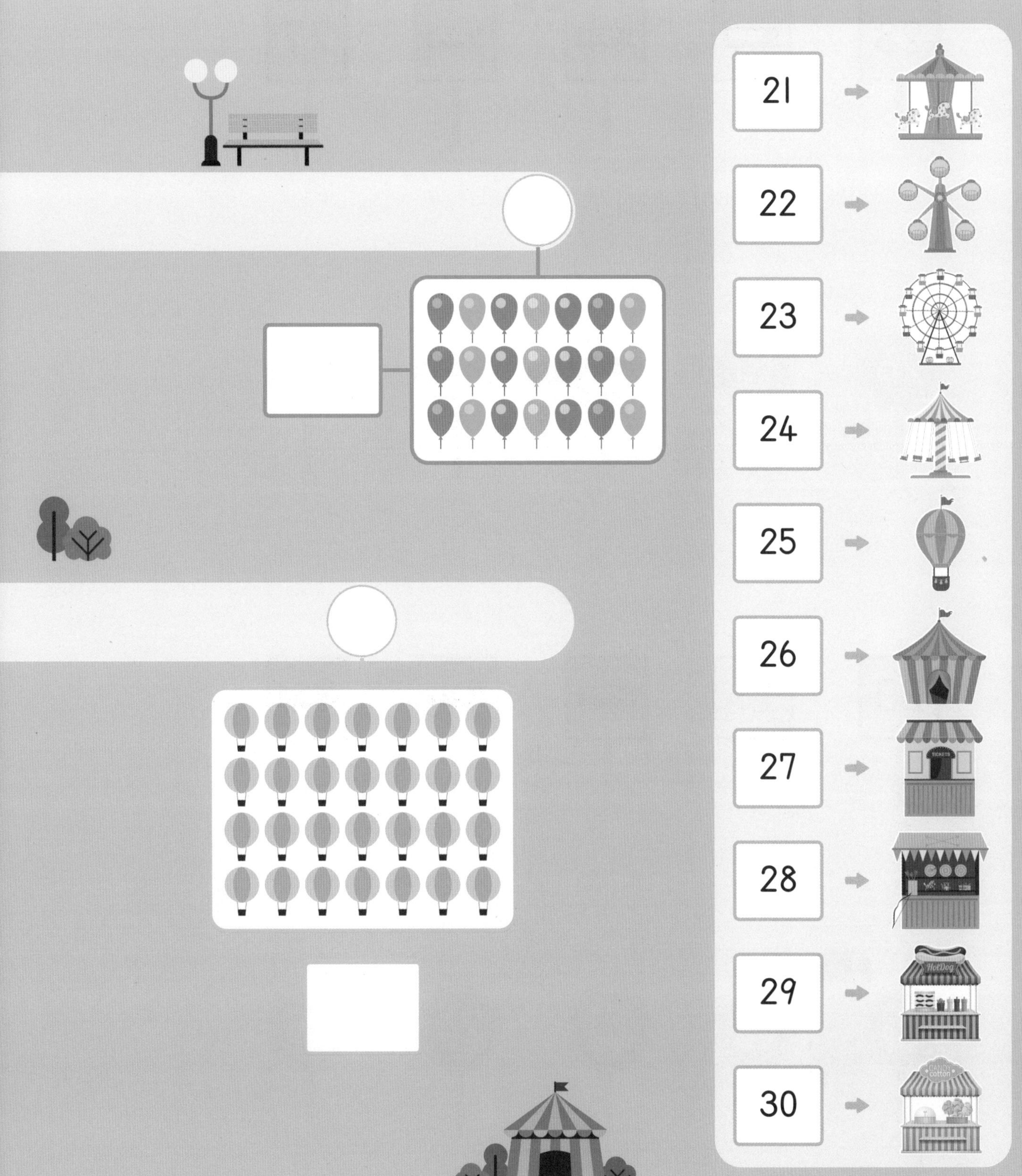
21
22
23
24
25
26
27
28
29
30

수의 순서대로 버스 정류장 번호가 적혀 있어요. 친구들이 서 있는 정류장의 번호를 □ 안에 써넣어 보세요.

추론 창의·융합

2 주차 더하기 1, 빼기 1

2주차에서는 1 큰 수와 1 작은 수를 이용하여 더하기 1과 빼기 1을 배웁니다. 더하기와 빼기의 개념을 이용하여 같은 수를 다르게 표현할 수 있습니다.

1 큰 수, 1 작은 수

21보다 1 큰 수는 22이고, 21보다 1 작은 수는 20이에요.

1 큰 수, 1 작은 수를 구하며 30까지 수의 배열을 충분히 연습해 보세요.

우체통의 빈칸에 알맞은 수를 써넣어 보세요.

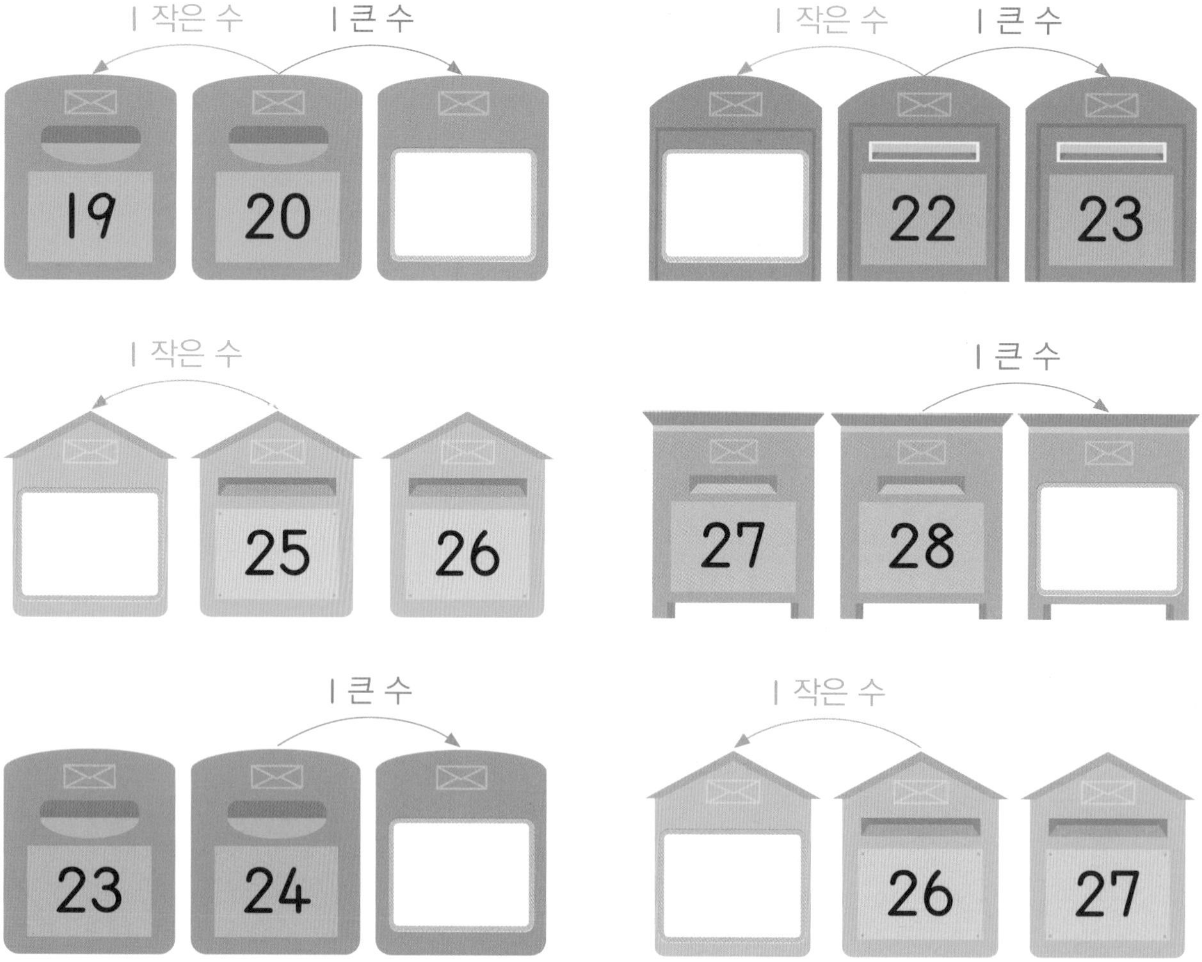

1 작은 수 1 큰 수

19 20 ☐

1 작은 수 1 큰 수

☐ 22 23

1 작은 수

☐ 25 26

1 큰 수

27 28 ☐

1 큰 수

23 24 ☐

1 작은 수

☐ 26 27

□ 안에 알맞은 수를 써넣어 보세요.

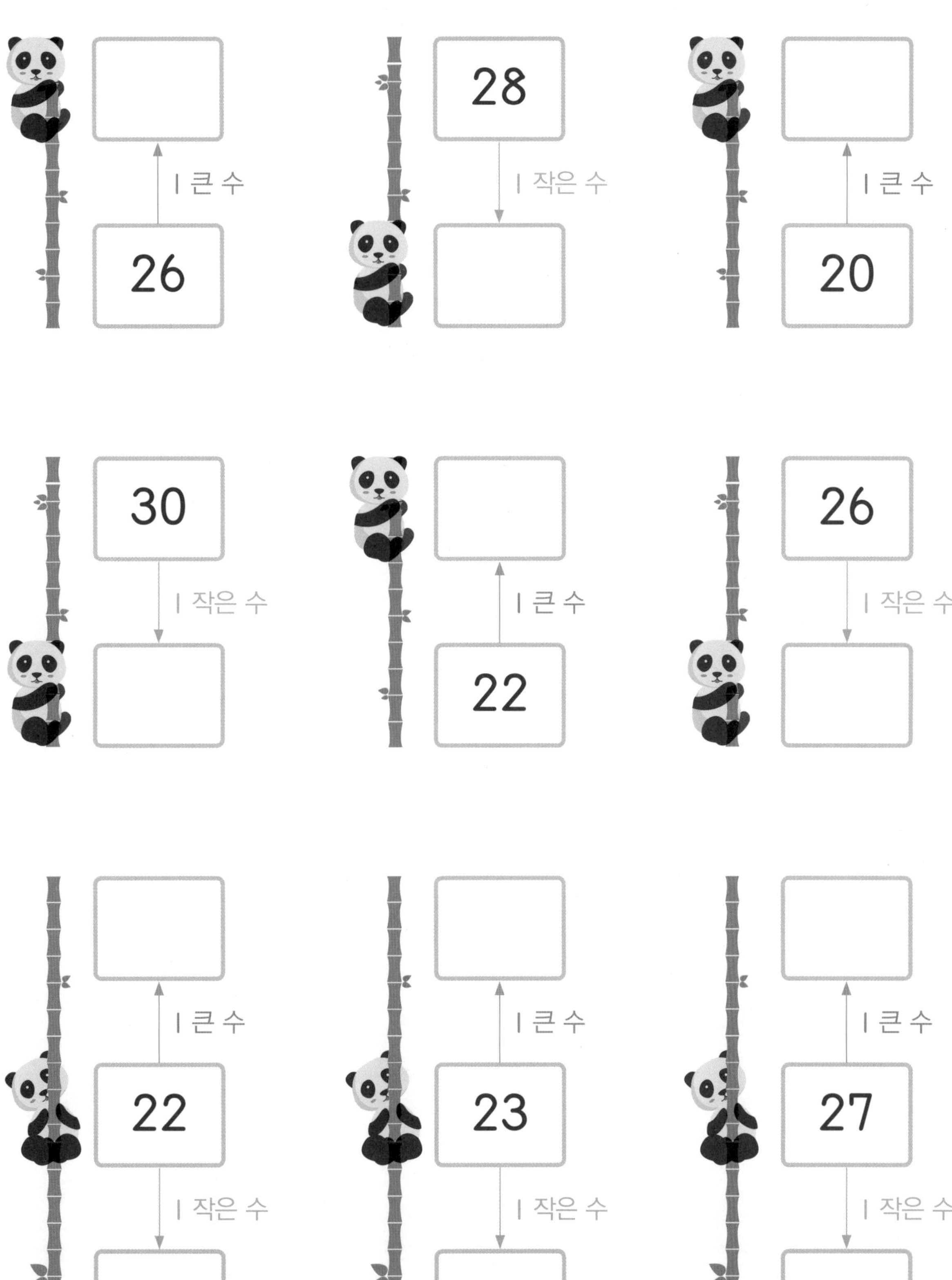

2 일차 더하기 1, 빼기 1(1)

원리 1 큰 수는 더하기 1, 1 작은 수는 빼기 1로 나타낼 수 있어요.

21 → 22 (+1)

1 큰 수는 +1로 나타내요.

$21 + 1 = 22$

21 ← 22 (−1)

1 작은 수는 −1로 나타내요.

$22 - 1 = 21$

□ 안에 알맞은 수를 써넣어 보세요.

22 → 23 (+1)

$22 + 1 = 23$

25 → 26 (+1)

□ + □ = □

26 ← 27 (−1)

27 − □ = □

29 ← 30 (−1)

□ − □ = □

21 → 22 (+1)

□ + □ = □

23 ← 24 (−1)

□ − □ = □

□ 안에 알맞은 수를 써넣어 보세요.

$25 + 1 = \square$

$24 - 1 = \square$

$20 + 1 = \square$

$27 - 1 = \square$

$22 + 1 = \square$

$30 - 1 = \square$

$27 + 1 = \square$

$28 - 1 = \square$

$23 + 1 = \square$

$21 - 1 = \square$

$29 + 1 = \square$

$25 - 1 = \square$

$26 + 1 = \square$

$29 - 1 = \square$

3 일차

더하기 1, 빼기 1(2)

원리 같은 수를 다른 방법으로 표현할 수 있어요.

24 —1 큰 수→ 25 ←1 작은 수— 26

25는 24보다 1 큰 수, 26보다 1 작은 수로 나타낼 수 있어요.

$24 + 1 = 25$ $26 - 1 = 25$

더하기와 빼기로 나타낼 수도 있어요.

□ 안에 알맞은 수를 써넣어 보세요.

20 —1 큰 수→ 21 ←1 작은 수— 22

$20 + 1 = 21$

$22 - 1 = 21$

22 —1 큰 수→ 23 ←1 작은 수— 24

$22 + 1 = \square$

$24 - 1 = \square$

26 —1 큰 수→ 27 ←1 작은 수— 28

$26 + 1 = \square$

$28 - 1 = \square$

28 —1 큰 수→ 29 ←1 작은 수— 30

$\square + 1 = 29$

$\square - 1 = 29$

□ 안에 알맞은 수를 써넣어 보세요. 

24

23 + 1 = 24

25 − 1 = 24

28

□ + 1 = 28

□ − 1 = 28

25

□ + 1 = 25

□ − 1 = 25

21

20 + □ = □

22 − □ = □

22

□ + 1 = □

□ − 1 = □

26

25 + □ = □

27 − □ = □

퍼즐 연산(1)

동물들이 찬 축구공이 골대 안으로 들어가면 1 큰 수를, 밖으로 나가면 1 작은 수를 ☐ 안에 써넣어 보세요. 추론

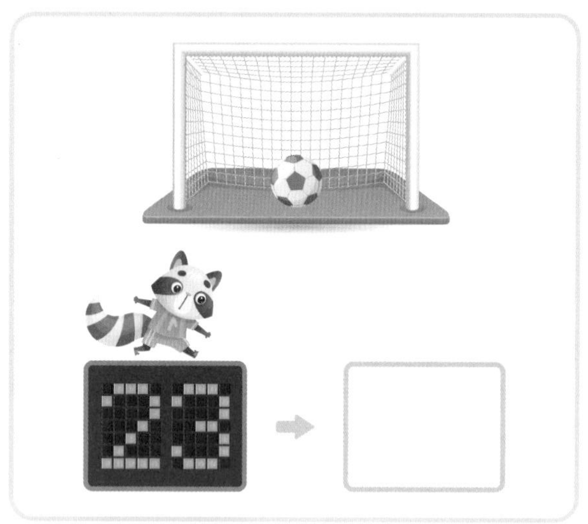

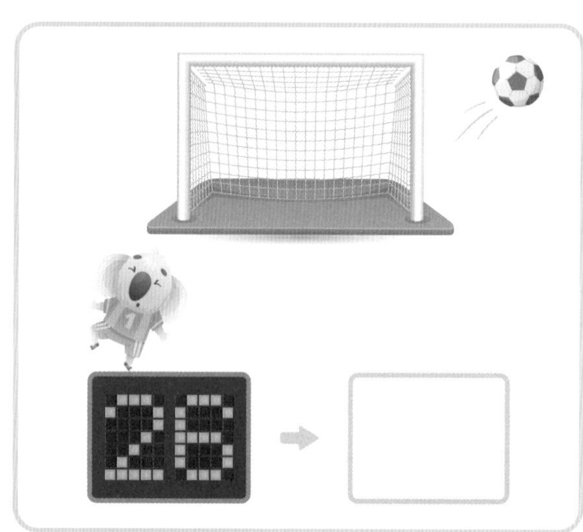

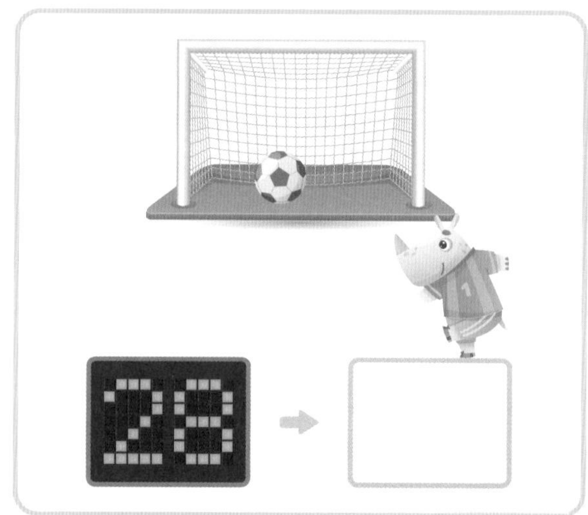

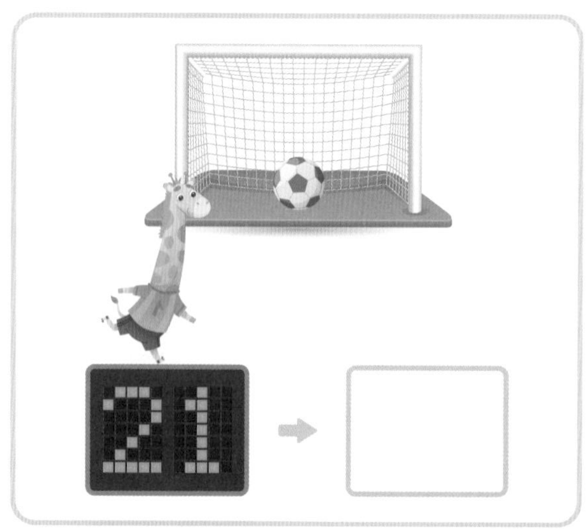

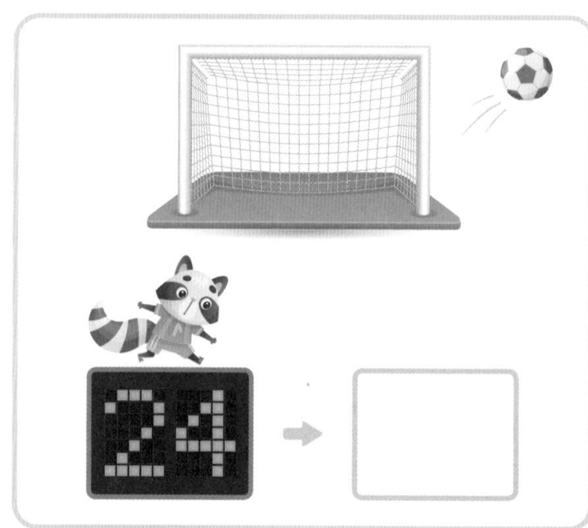

수가 1씩 커지도록 책을 꽂은 것을 모두 골라 ◯ 해 보세요.  추론

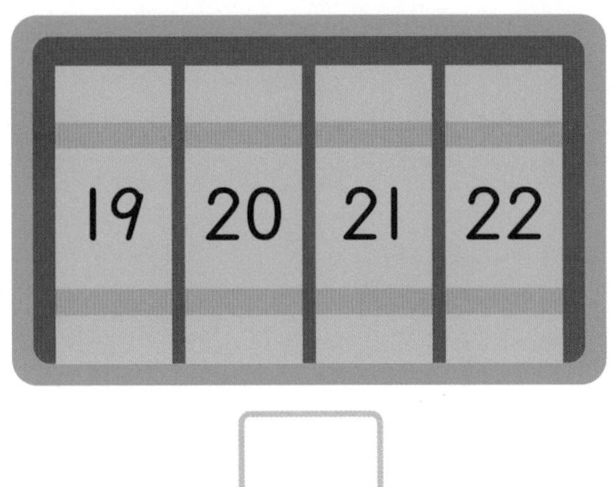

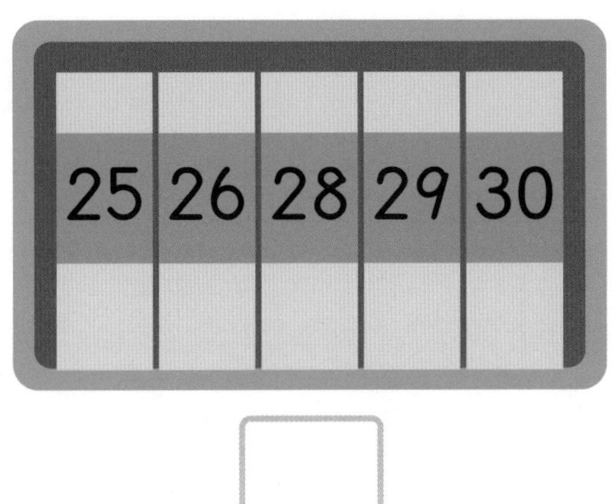

퍼즐 연산(2)

깃발의 빈 곳에 1 작은 수를 쓰며 내려갈 수 있는 것을 모두 골라 ◯ 해 보세요.

추론 문제해결

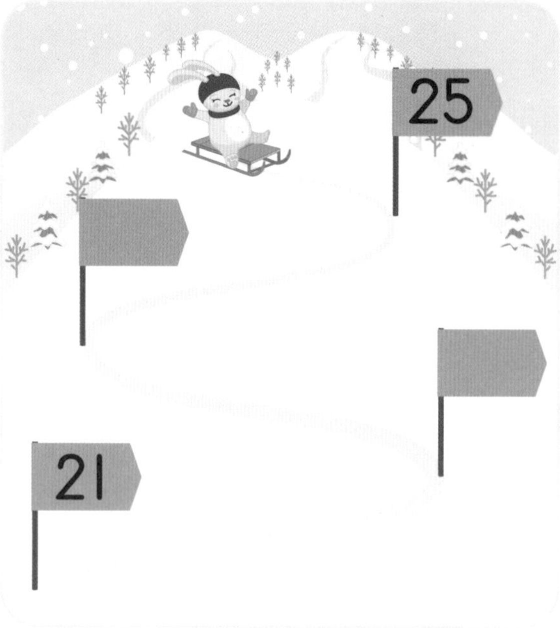

25

21

29

26

27

23

30

25

알맞은 것끼리 선을 그어 보세요.

추론 문제해결

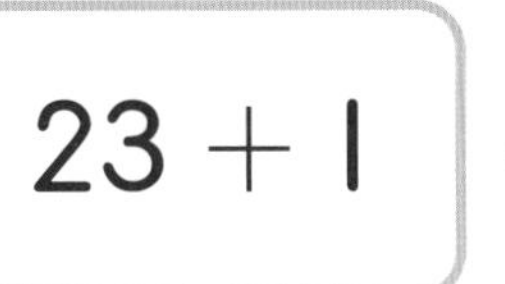

21 − 1

28 + 1

24 − 1

26 + 1

30보다 1 작은 수

19보다 1 큰 수

28보다 1 작은 수

25보다 1 작은 수

22보다 1 큰 수

□ 안에 알맞은 수를 써넣고, 세 수 중에서 가장 큰 수를 찾아 피아노 건반을 색칠해 보세요.

추론 창의·융합

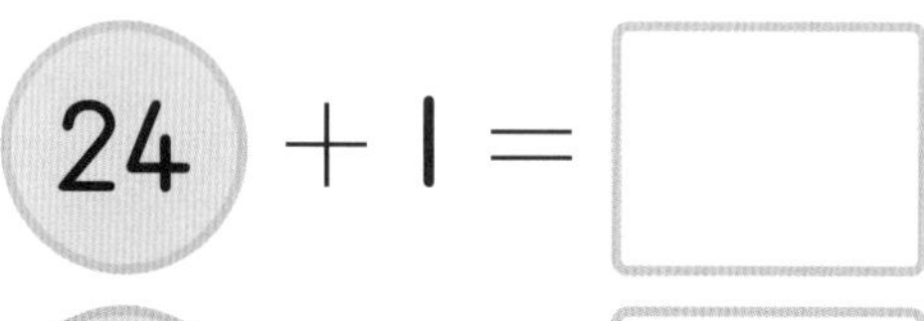

24 + 1 = □

25 − 1 = □

27 —1 큰 수→ □

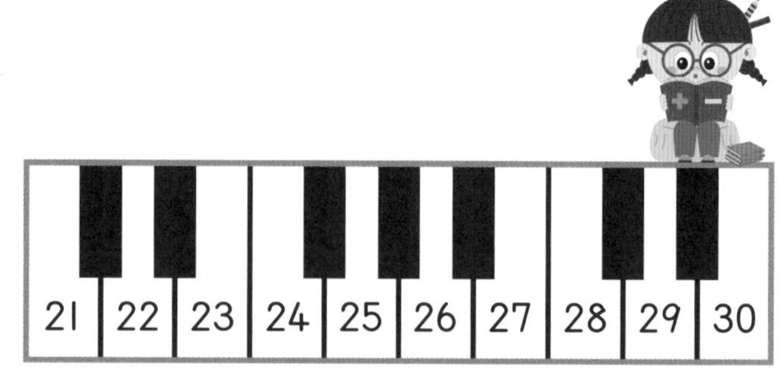

28 − 1 = □

□ ←1 작은 수— 22

29 + 1 = □

21 22 23 24 25 26 27 28 29 30

21 + 1 = □

20 − 1 = □

19 + 1 = □

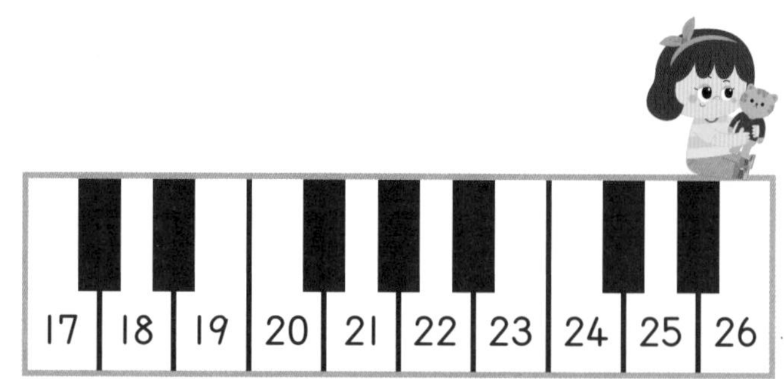

3 주차 더하기 2, 빼기 2

3주차에서는 2 큰 수와 2 작은 수를 이용하여 더하기 2와 빼기 2를 배웁니다. 더하기와 빼기의 개념을 이용하여 같은 수를 다르게 표현할 수 있습니다.

1 일차

2 큰 수, 2 작은 수

원리 23보다 2 큰 수는 25이고, 23보다 2 작은 수는 21이에요.

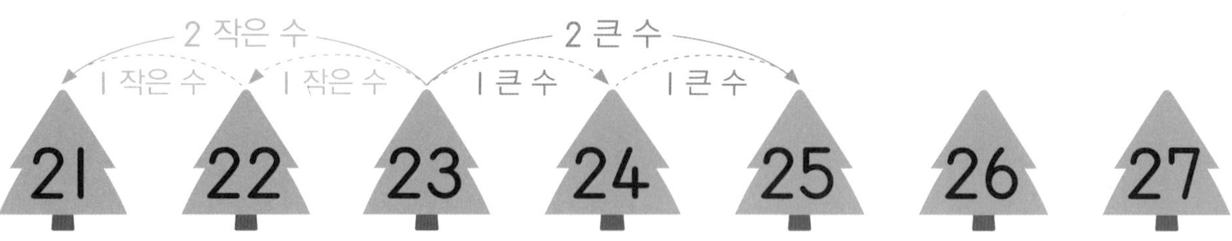

빈 곳에 들어갈 알맞은 수를 □ 안에 써넣어 보세요.

2 큰 수

20 21 22 □

□

2 큰 수

24 25 26 □

□

2 작은 수

□ 26 27 28

□

2 작은 수

□ 23 24 25

□

2 큰 수

23 24 □ □

□

2 작은 수

□ □ 26 27

□

 □ 안에 알맞은 수를 써넣어 보세요. 

□

□

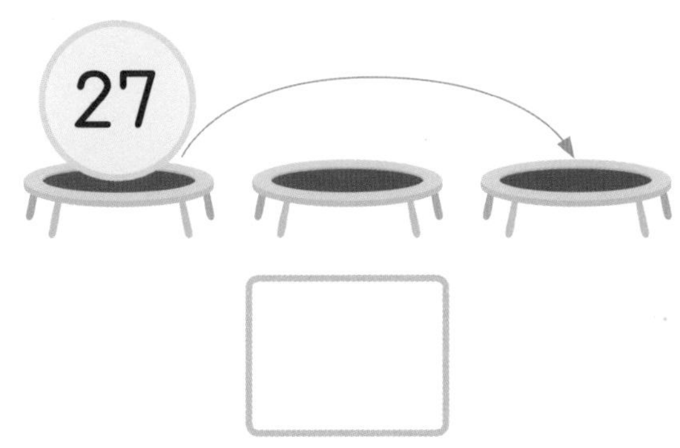

□

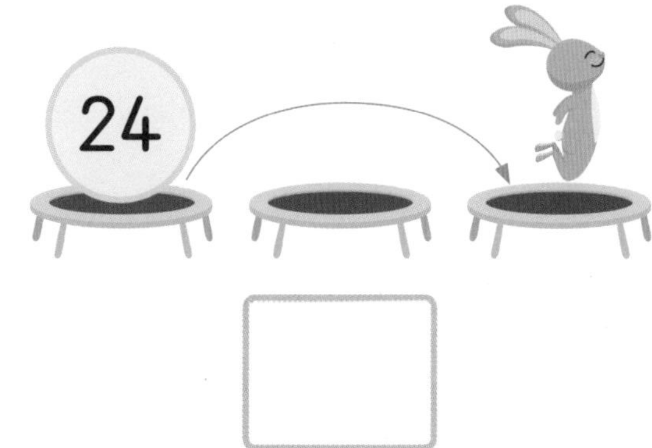

□

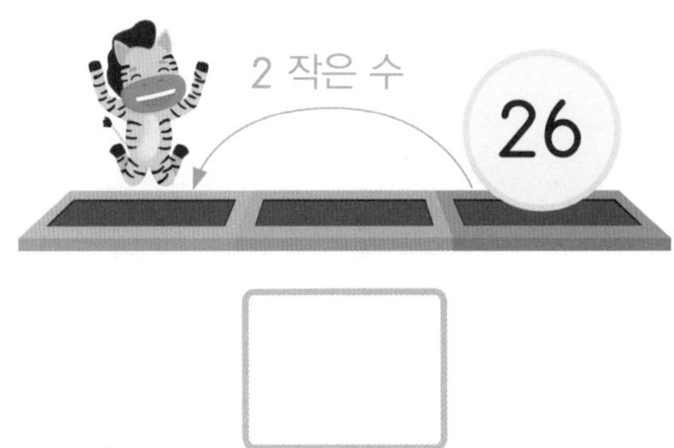

□

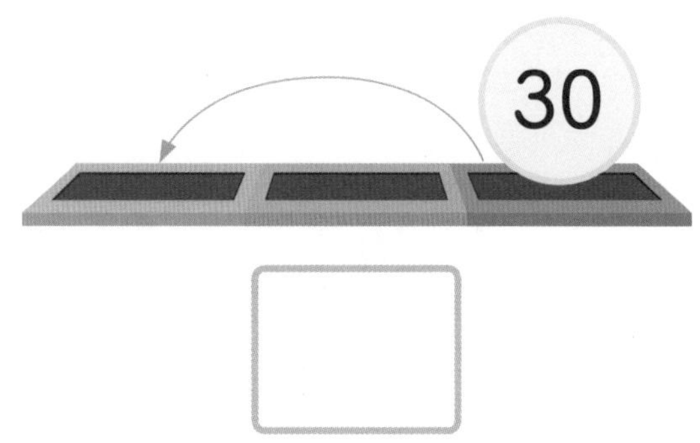

□

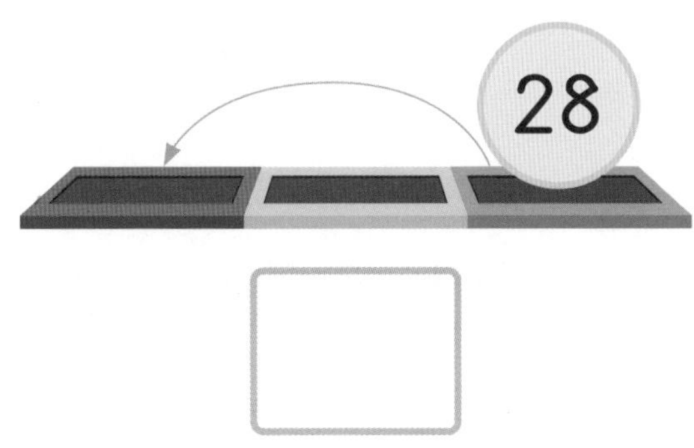

□

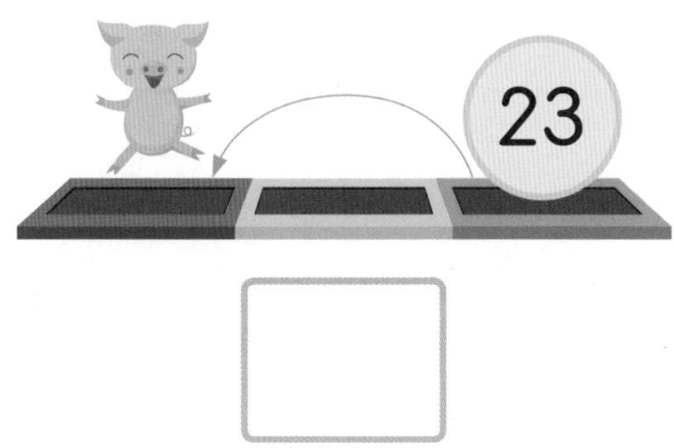

□

2 일차

더하기 2, 빼기 2(1)

원리 2 큰 수는 더하기 2, 2 작은 수는 빼기 2로 나타낼 수 있어요.

+2

21 22 23

2 큰 수는 +2로 나타내요.

$21 + 2 = 23$

−2

21 22 23

2 작은 수는 −2로 나타내요.

$23 - 2 = 21$

□ 안에 알맞은 수를 써넣어 보세요.

+2

20 22

20 + 2 = 22

+2

25 27

□ + □ = □

−2

24 26

26 − □ = □

−2

23 25

□ − □ = □

+2

28 30

□ + □ = □

−2

19 21

□ − □ = □

 □ 안에 알맞은 수를 써넣어 보세요. 

$20 + 2 = \square$

$26 - 2 = \square$

$28 + 2 = \square$

$22 - 2 = \square$

$21 + 2 = \square$

$30 - 2 = \square$

$25 + 2 = \square$

$28 - 2 = \square$

$23 + 2 = \square$

$24 - 2 = \square$

$27 + 2 = \square$

$29 - 2 = \square$

$22 + 2 = \square$

$25 - 2 = \square$

3 일차

더하기 2, 빼기 2(2)

원리 같은 수를 다른 방법으로 표현할 수 있어요.

22 —2 큰 수→ 24 ←2 작은 수— 26

24는 22보다 2 큰 수, 26보다 2 작은 수로 나타낼 수 있어요.

$22 + 2 = 24$ $26 - 2 = 24$

더하기와 빼기로 나타낼 수도 있어요.

□ 안에 알맞은 수를 써넣어 보세요.

21 —2 큰 수→ 23 ←2 작은 수— 25

$21 + 2 = 23$

$25 - 2 = 23$

25 —2 큰 수→ 27 ←2 작은 수— 29

$25 + 2 = \square$

$29 - 2 = \square$

20 —2 큰 수→ 22 ←2 작은 수— 24

$20 + 2 = \square$

$24 - 2 = \square$

26 —2 큰 수→ 28 ←2 작은 수— 30

$\square + 2 = 28$

$\square - 2 = 28$

□ 안에 알맞은 수를 써넣어 보세요. 

28

26 + 2 = 28

30 − 2 = 28

27

□ + 2 = 27

□ − 2 = 27

21

□ + 2 = 21

□ − 2 = 21

26

□ + 2 = 26

□ − 2 = 26

25

□ + 2 = □

□ − 2 = □

22

□ + 2 = □

□ − 2 = □

퍼즐 연산(1)

바람개비를 파란색으로 색칠하면 2 큰 수가 되고, 주황색으로 색칠하면 2 작은 수가 돼요. □ 안에 알맞은 수를 써넣어 보세요.

추론

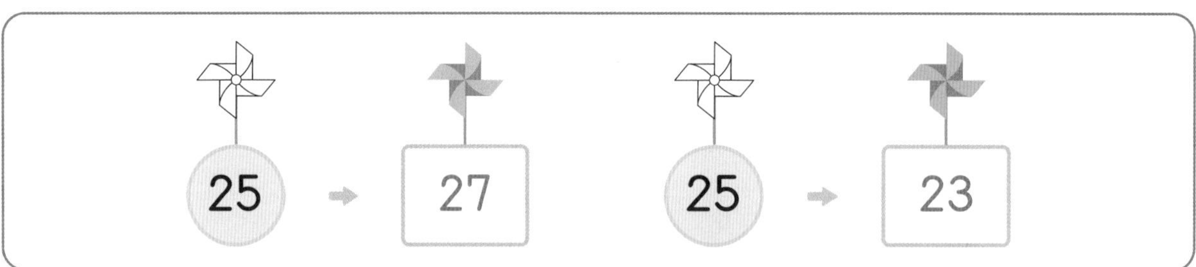

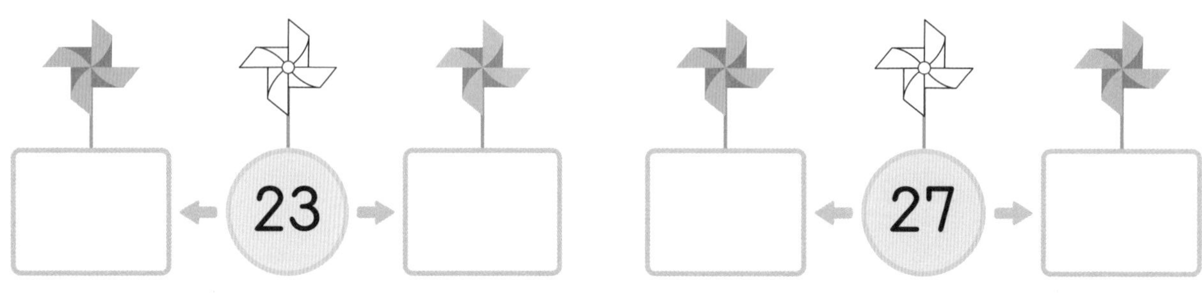

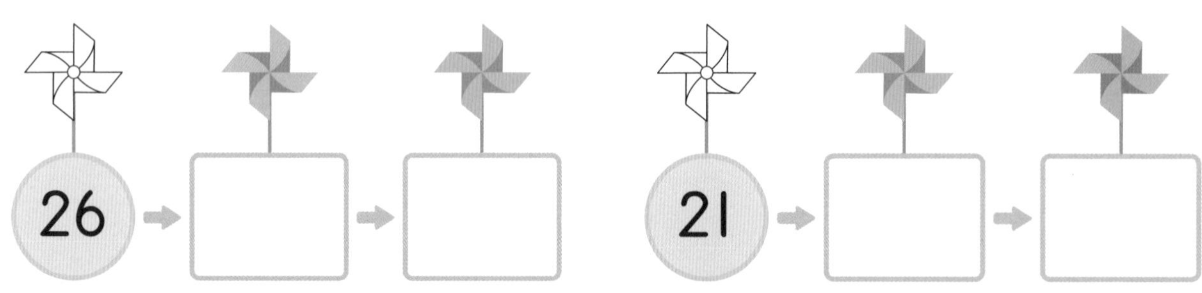

 그림을 보고 빈 곳에 알맞은 수를 써넣어 보세요. 

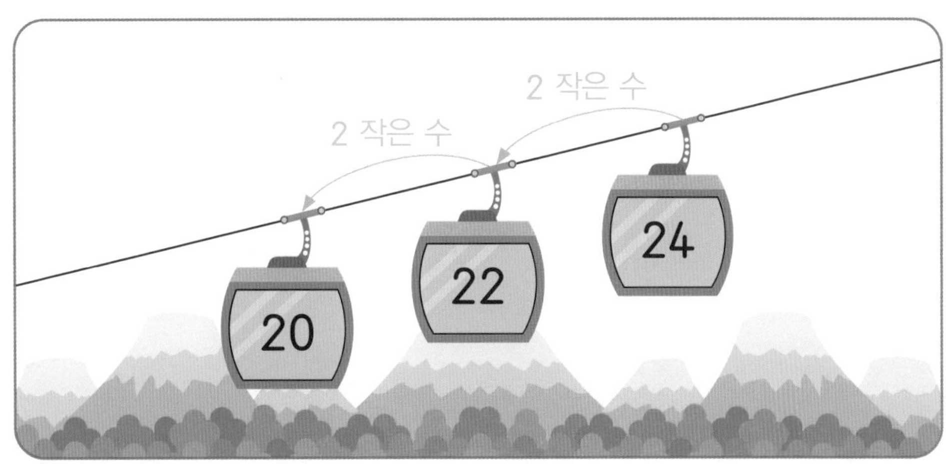

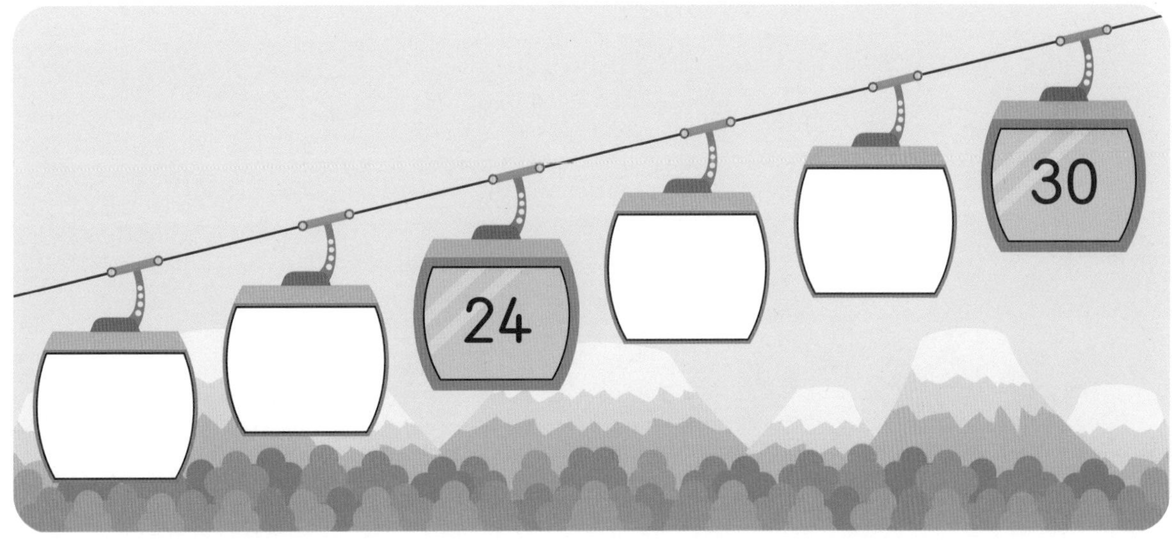

퍼즐 연산(2)

그림을 보고 마지막 블록의 수가 알맞은 것을 모두 골라 ◯해 보세요.

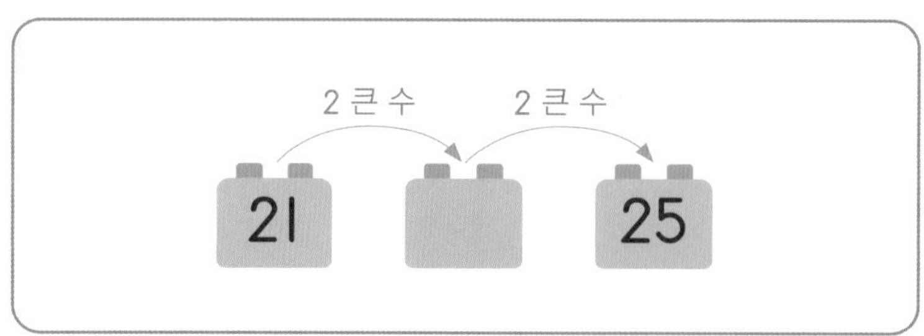

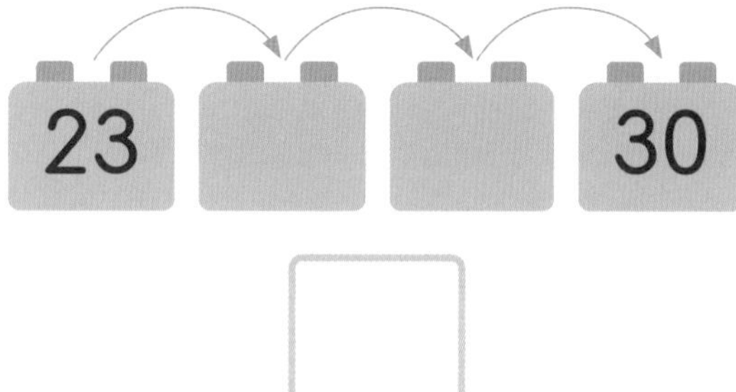

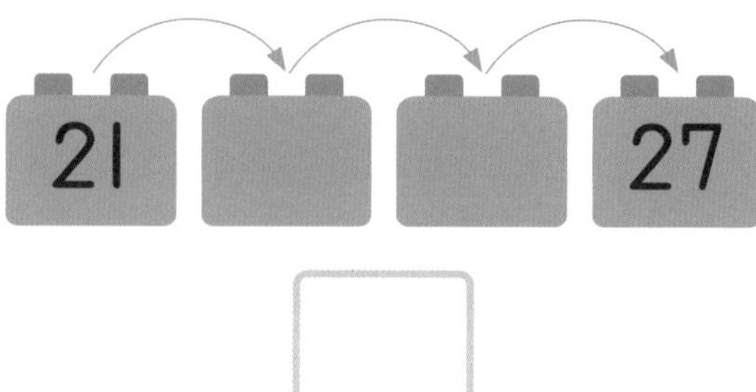

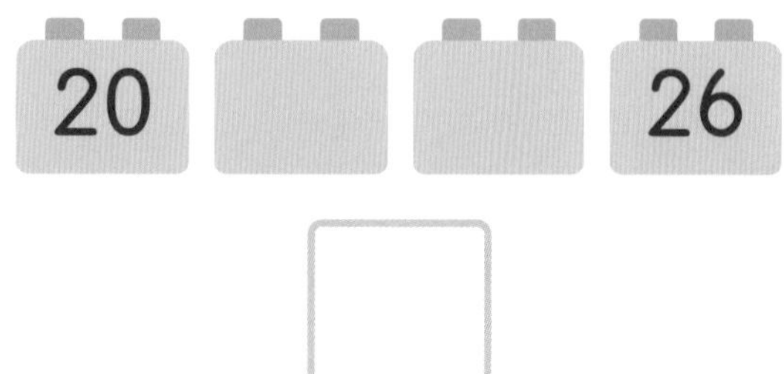

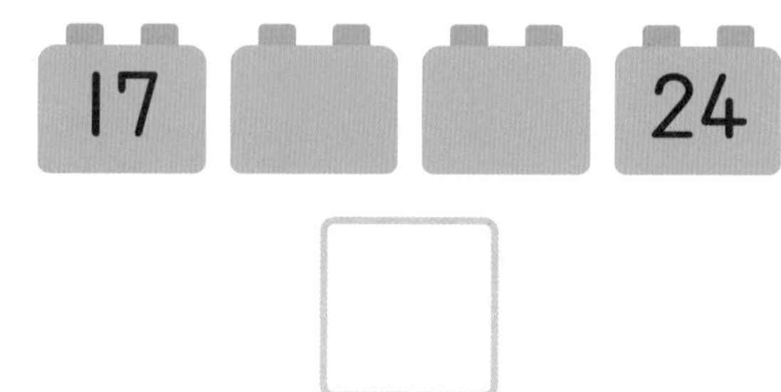

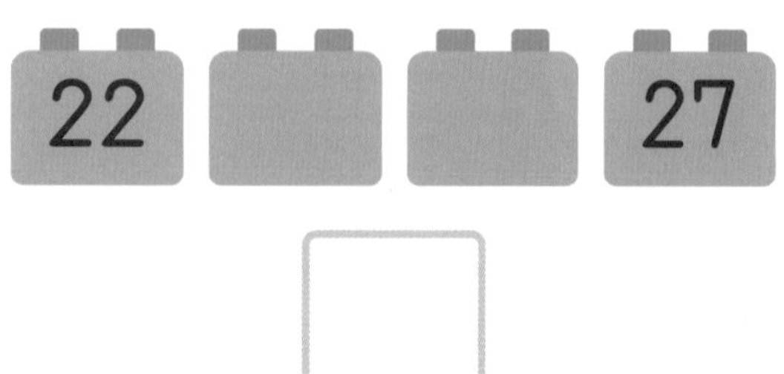

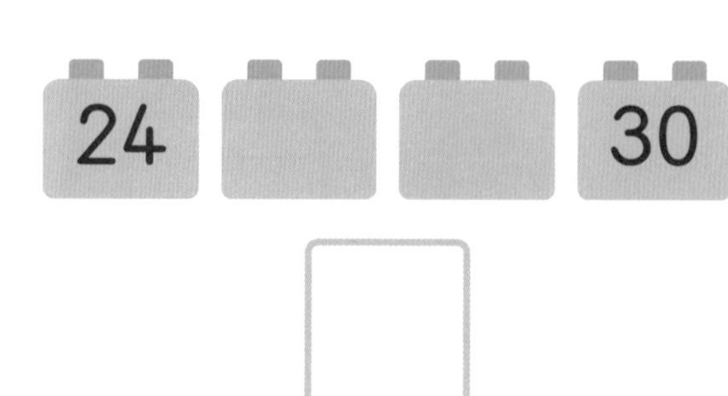

붙임딱지 수가 2씩 작아지며 다음 별로 갈 때, 필요한 별의 개수만큼 붙임딱지를 붙여 보세요. 추론 문제해결

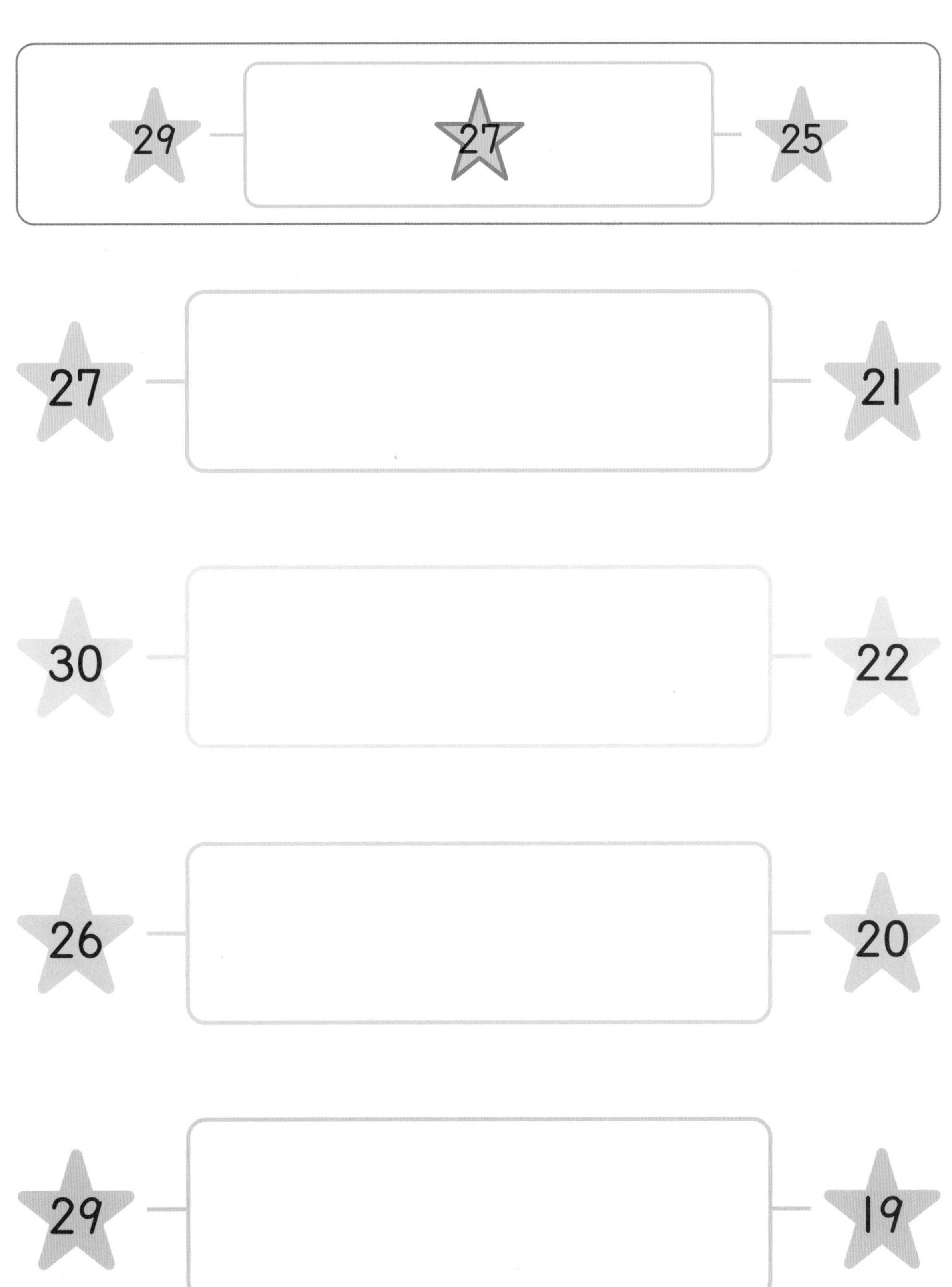

행성에 적혀진 더하기와 빼기의 계산 결과를 따라 길을 선으로 그어 보세요.

추론 창의·융합

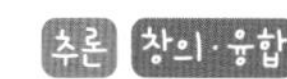

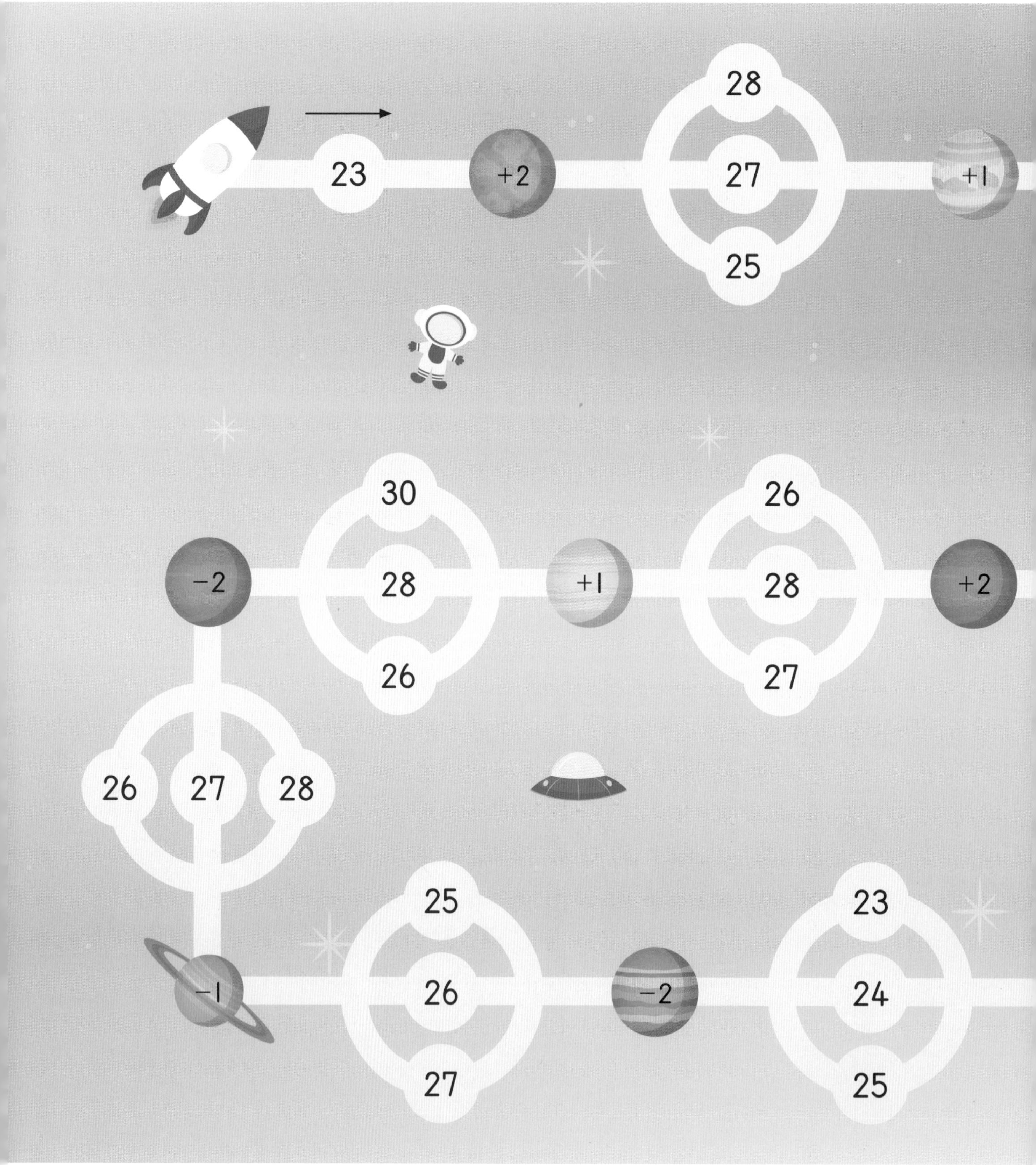
28
23
+2
27
+1
25
30
26
-2
28
+1
28
+2
26
27
26
27
28
25
23
-1
26
-2
24
27
25

28
27
26
−2
24
23
25
−2
21
22
23
25
24
23
+2
25
23
21
+1
23
22
21
−2
+1
22
23
24

 알맞은 것끼리 선을 그어 보세요.

추론 문제해결

25 − 2

26 + 2

22 + 2

28 − 2

23 + 2

26보다 2 작은 수

21보다 2 큰 수

24보다 2 큰 수

30보다 2 작은 수

27보다 2 작은 수

4 주차 더하기 3, 빼기 3

4주차에서는 3 큰 수와 3 작은 수를 이용하여 더하기 3과 빼기 3을 배웁니다. 더하기와 빼기의 개념을 이용하여 같은 수를 다르게 표현할 수 있습니다.

1 일차

3 큰 수, 3 작은 수

원리 25보다 3 큰 수는 28이고, 25보다 3 작은 수는 22예요.

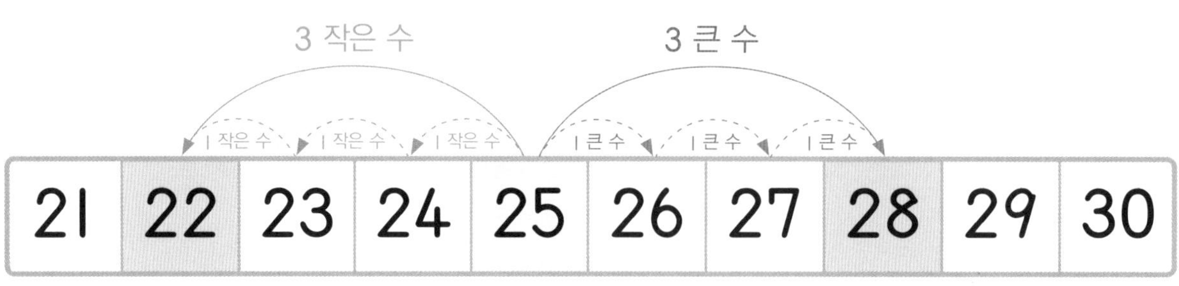

빈칸에 알맞은 수를 써넣어 보세요.

3 큰 수

21	22	23	

22	23	24	

19	20	21	

20	21	22	

3 작은 수

	25	26	27

	23	24	25

	26	27	28

	21	22	23

 □ 안에 알맞은 수를 써넣어 보세요. 

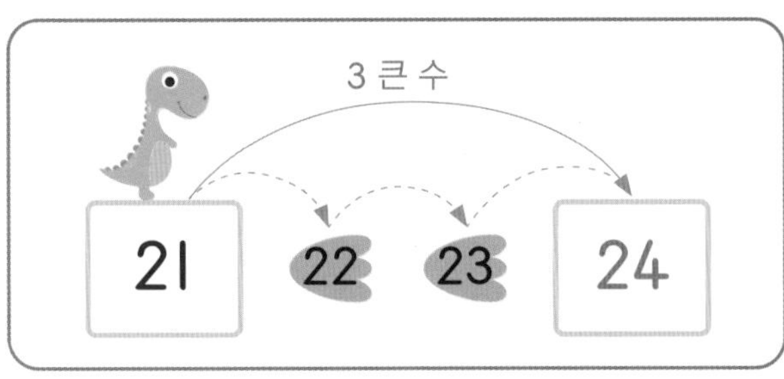

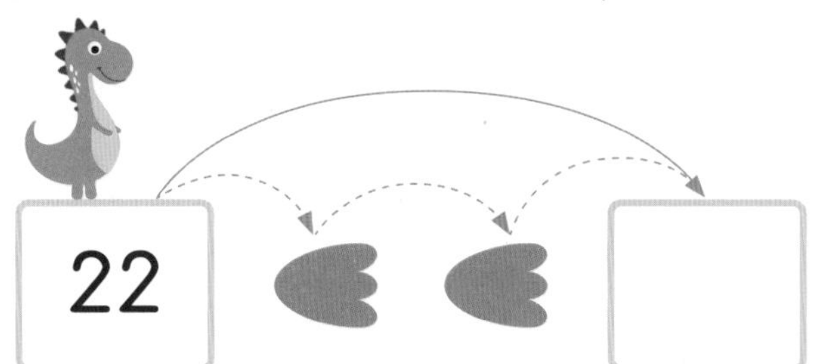

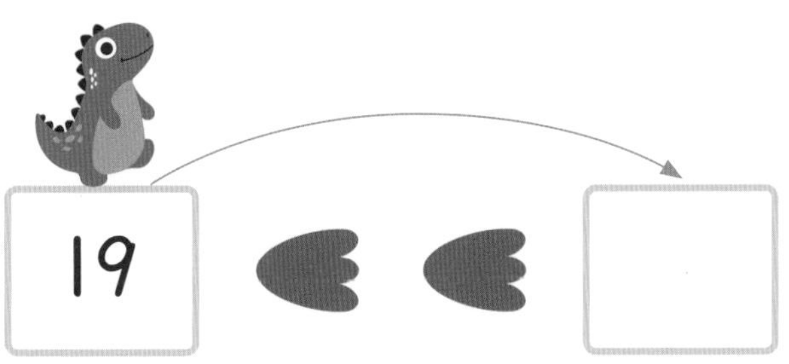

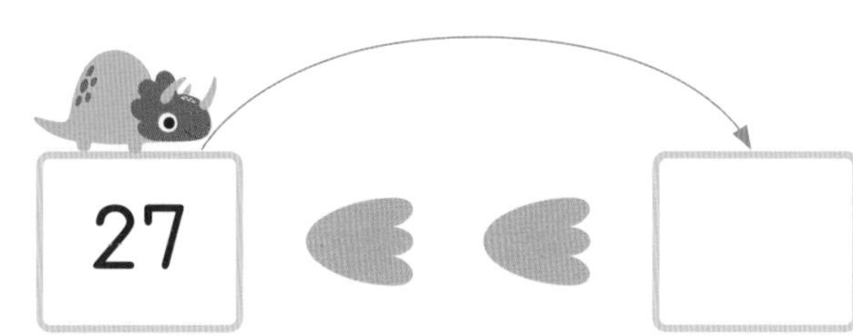

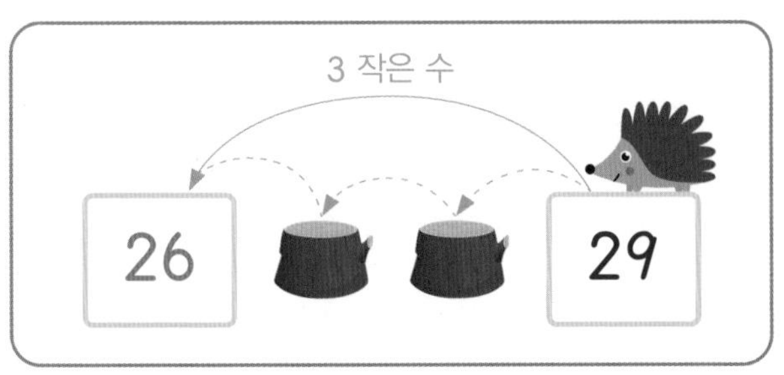

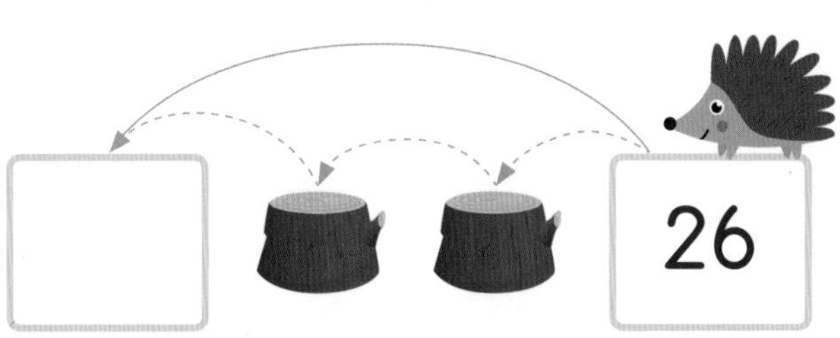

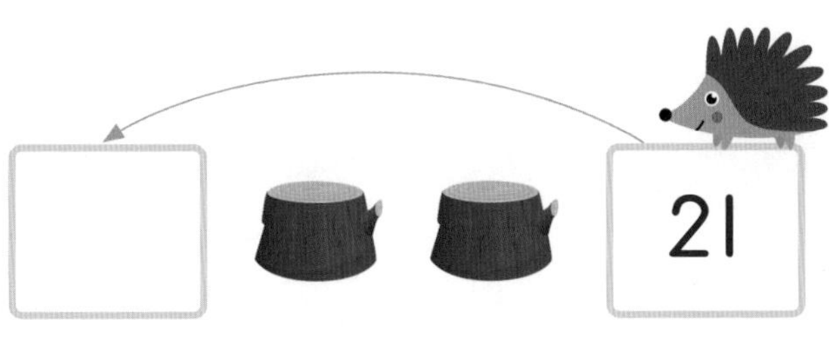

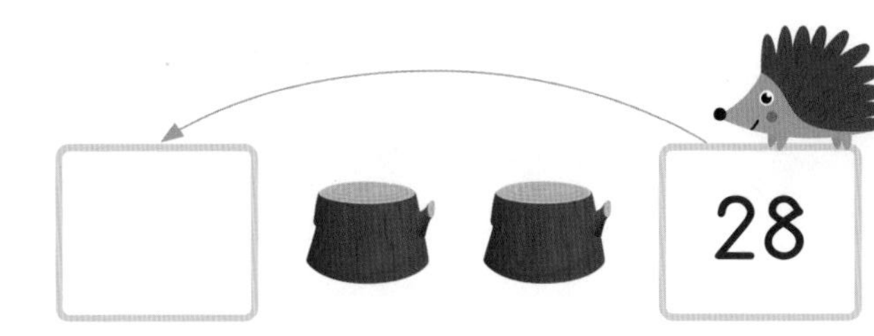

2 일차 더하기 3, 빼기 3(1)

원리 3 큰 수는 더하기 3, 3 작은 수는 빼기 3으로 나타낼 수 있어요.

+3: 23 24 25 26

3 큰 수는 +3으로 나타내요.

23 + 3 = 26

−3: 23 24 25 26

3 작은 수는 −3으로 나타내요.

26 − 3 = 23

□ 안에 알맞은 수를 써넣어 보세요. 

(예시) 21 → +3 → 24

21 + 3 = 24

27 → +3 → 30

□ + □ = □

22 ← −3 ← 25

□ − 3 = □

24 ← −3 ← 27

□ − □ = □

22 → +3 → 25

□ + □ = □

18 ← −3 ← 21

□ − □ = □

 □ 안에 알맞은 수를 써넣어 보세요. 

$20 + 3 = \square$

$24 - 3 = \square$

$23 + 3 = \square$

$29 - 3 = \square$

$21 + 3 = \square$

$23 - 3 = \square$

$25 + 3 = \square$

$27 - 3 = \square$

$27 + 3 = \square$

$30 - 3 = \square$

$22 + 3 = \square$

$25 - 3 = \square$

$26 + 3 = \square$

$28 - 3 = \square$

3 일차

더하기 3, 빼기 3(2)

원리 같은 수를 다른 방법으로 표현할 수 있어요.

22 —3 큰 수→ 25 ←3 작은 수— 28

25는 22보다 3 큰 수, 28보다 3 작은 수로 나타낼 수 있어요.

$22 + 3 = \boxed{25}$ $28 - 3 = \boxed{25}$

더하기와 빼기로 나타낼 수도 있어요.

□ 안에 알맞은 수를 써넣어 보세요. 

21 —3 큰 수→ 24 ←3 작은 수— 27

$21 + 3 = 24$

$27 - 3 = 24$

24 —3 큰 수→ 27 ←3 작은 수— 30

$24 + 3 = \square$

$30 - 3 = \square$

20 —3 큰 수→ 23 ←3 작은 수— 26

$20 + 3 = \square$

$26 - 3 = \square$

23 —3 큰 수→ 26 ←3 작은 수— 29

$\square + 3 = 26$

$\square - 3 = 26$

 □ 안에 알맞은 수를 써넣어 보세요. 

26

23 + 3 = 26

29 − 3 = 26

27

□ + 3 = 27

□ − 3 = 27

23

□ + 3 = 23

□ − 3 = 23

25

□ + 3 = 25

□ − 3 = 25

22

□ + 3 = □

□ − 3 = □

24

□ + 3 = □

□ − 3 = □

퍼즐 연산(1)

를 지나면 3 큰 수가 되고, 를 지나면 3 작은 수가 돼요. □ 안에 알맞은 수를 써넣어 보세요. 추론

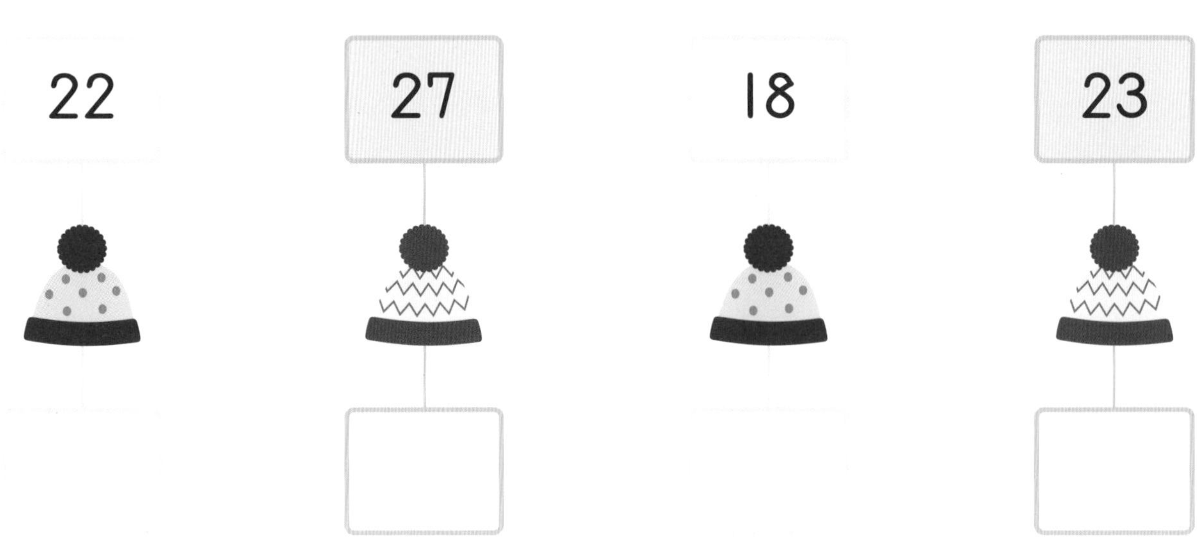

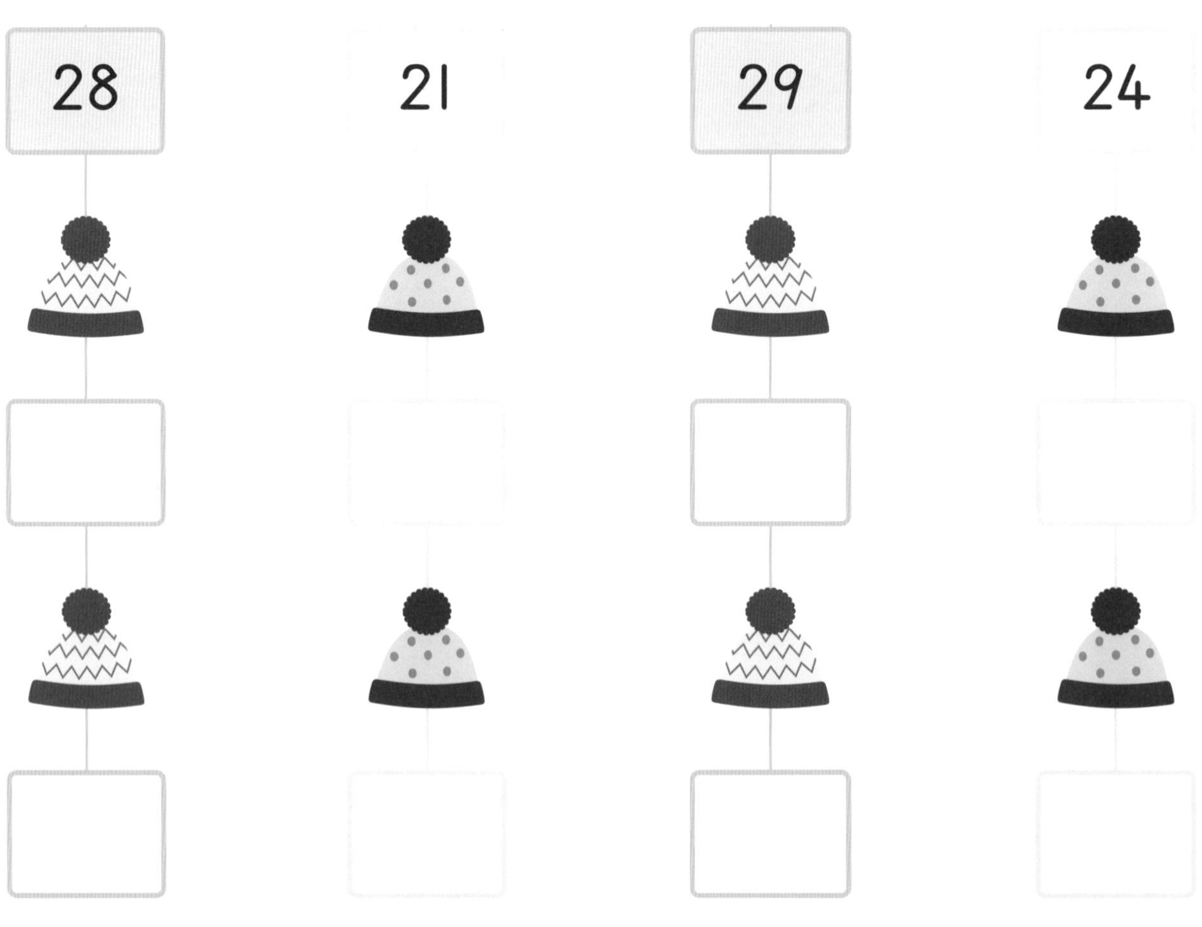

수가 3씩 커지며 다음 칸으로 갈 때, 동물들이 색칠된 칸에 도착하려면 몇 칸을 가야하는지 ◯ 안에 써넣어 보세요.

추론 문제해결

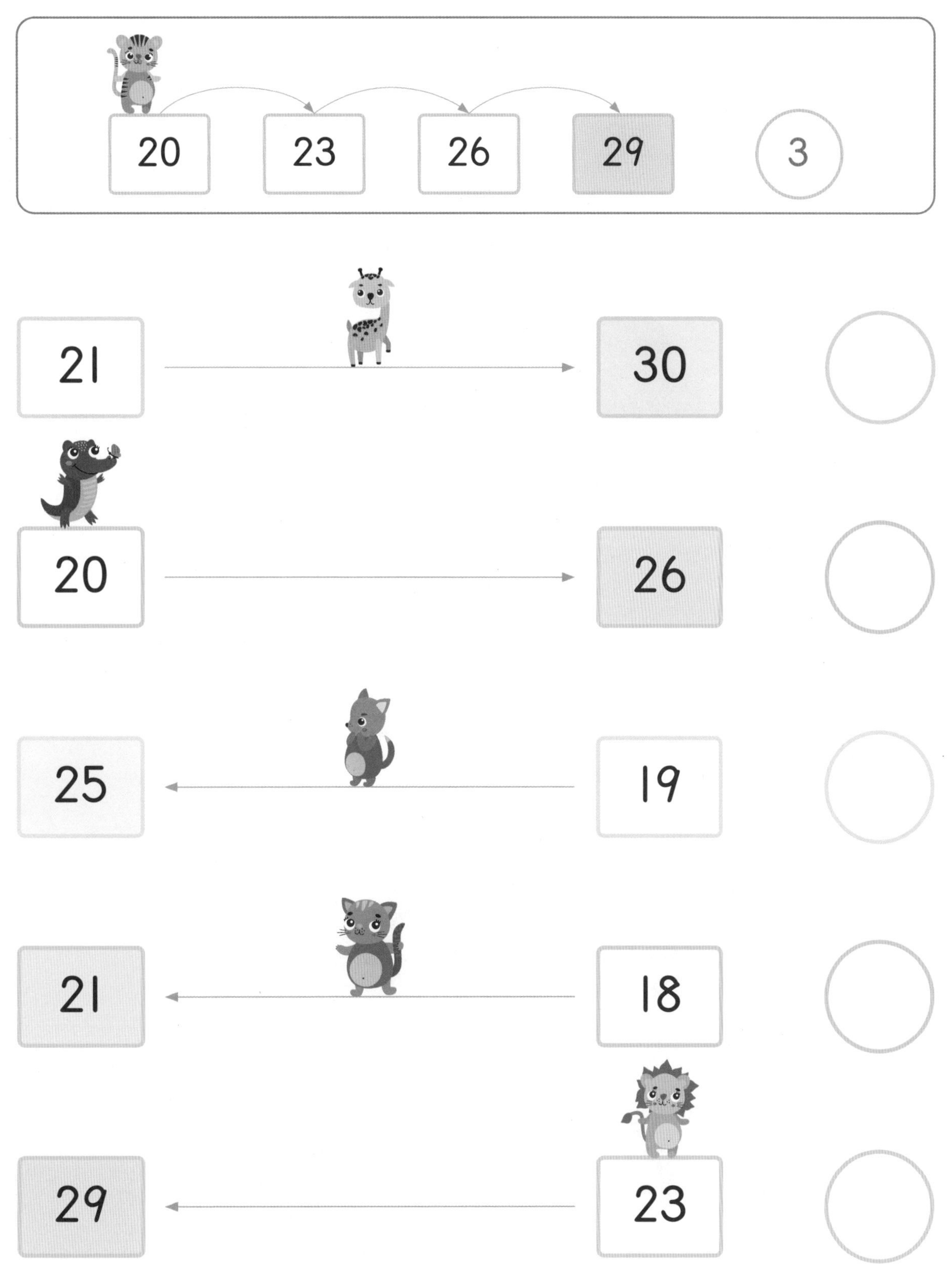

퍼즐 연산(2)

계산 결과가 바른 식에 사과 붙임딱지를 붙여 보세요.

추론 문제해결

$24 - 3 = 21$

$26 - 1 = 27$

$21 + 3 = 25$

$26 + 2 = 28$

$27 + 3 = 29$

$20 + 3 = 23$

$30 - 3 = 27$

$26 + 3 = 25$

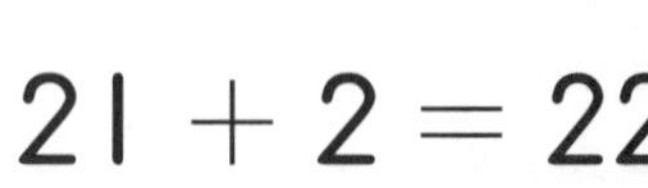

$21 + 2 = 22$

$28 + 3 = 26$

$21 - 2 = 19$

$26 + 3 = 29$

□ 안에 알맞은 수를 써넣고, 세 수 중에서 가장 작은 수를 찾아 피아노 건반을 색칠해 보세요.

추론 문제해결

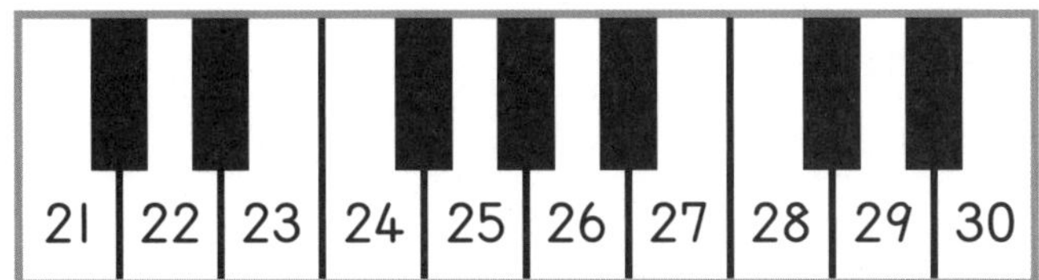

$25 - 3 = \square$

$22 + 2 = \square$

$18 + 3 = \square$

$29 - 3 = \square$

$27 + 3 = \square$

$30 - 3 = \square$

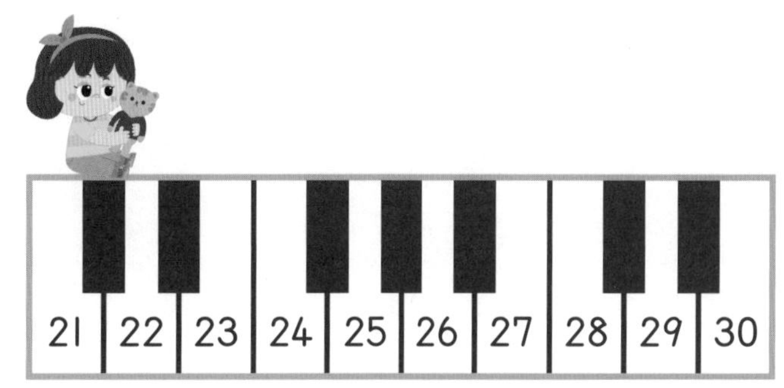

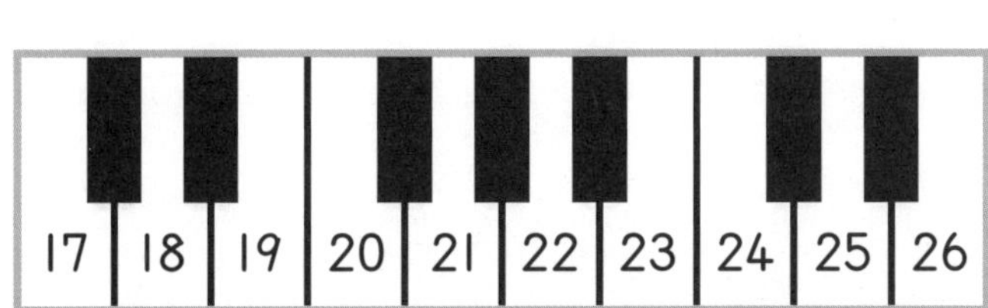

$19 + 1 = \square$

$24 - 3 = \square$

$21 - 2 = \square$

생각을 모아요! 퍼팩 사고력

수 카드를 한 장씩 내려놓으며 더하기와 빼기를 하고 있어요. 규칙에 따라 알맞은 수 카드를 ☐ 안에 써넣어 보세요.

추론 문제해결 창의·융합

(1) 가장 큰 수는 양쪽 끝에 놓을 수 없어요.

(2) 파란색 칸의 수는 앞의 수보다 작아야 하고, 빨간색 칸의 수는 앞의 수보다 커야 해요.

(3) 앞의 수 카드에 더하거나 빼는 수는 1, 2, 3 또는 3, 2, 1의 순서가 돼요.

21 22 23 24 →

(○) 23 22 24 21 (−1, +2, −3)

(×) 24 21 23 22 (−3, +2, −1)

27 28 29 30 → ☐ ☐ ☐ ☐

19 20 21 22 → ☐ ☐ ☐ ☐

24 25 26 27 → ☐ ☐ ☐ ☐

한 주 동안 배운 내용 한 번 더 연습!

집중! 드릴 연산

1 주차 30까지의 수 알아보기

모양의 수를 세어 알맞은 것에 ◯해 보세요.

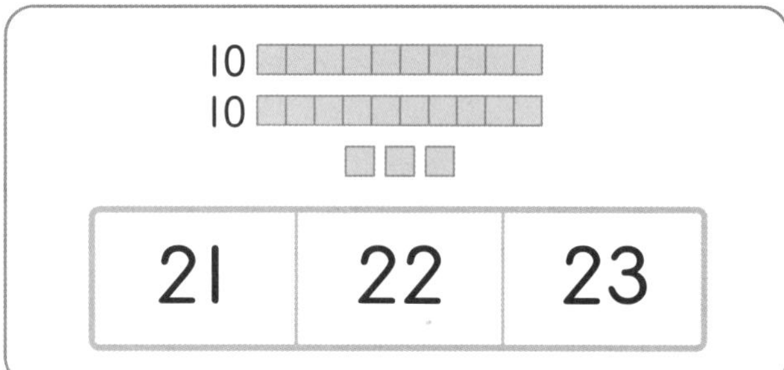

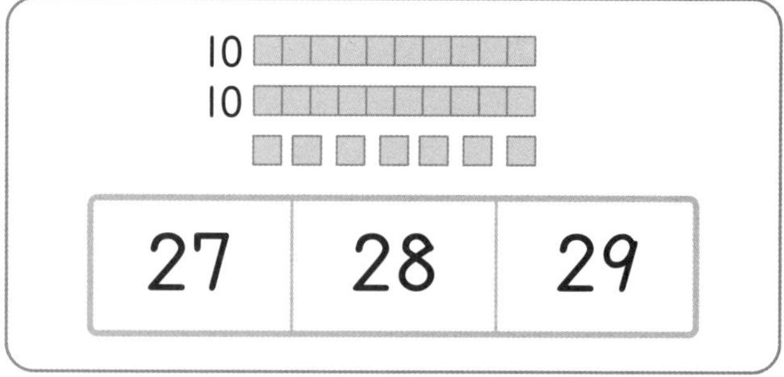

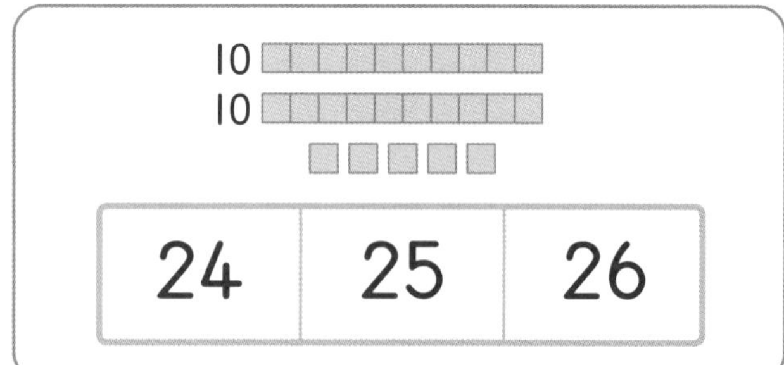

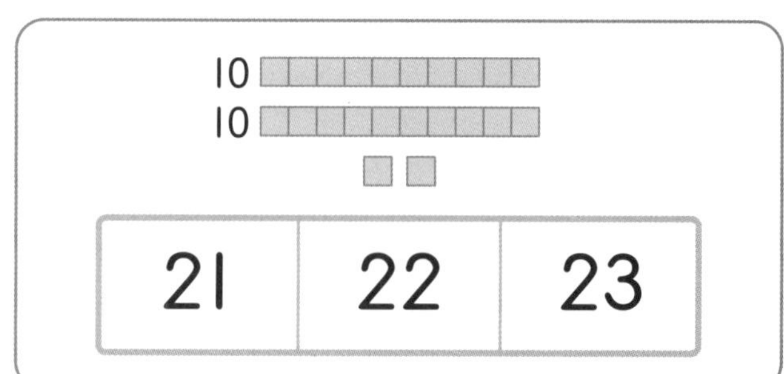

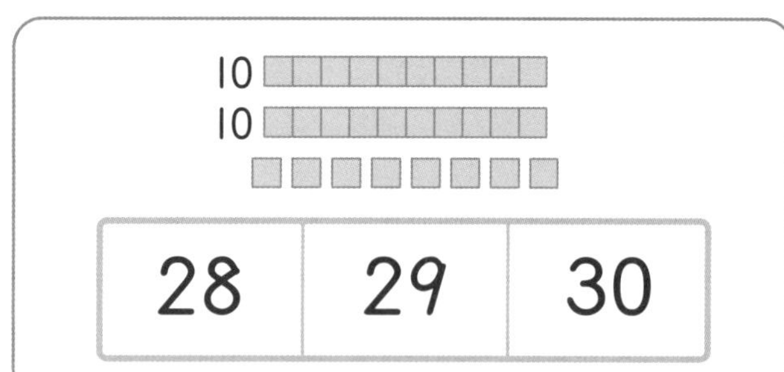

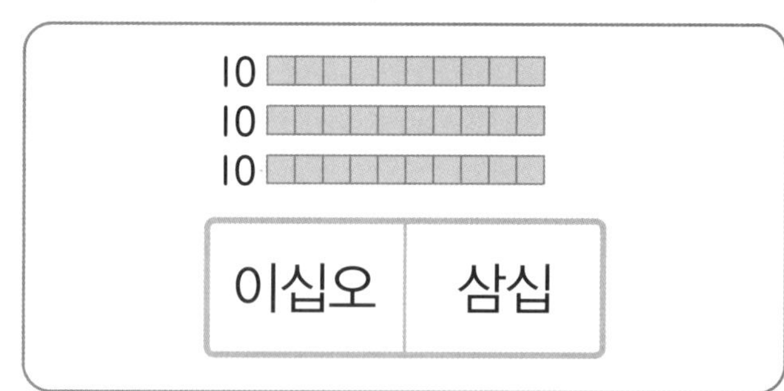

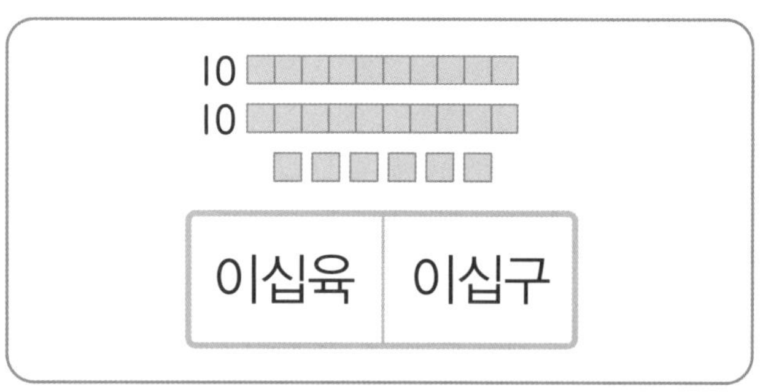

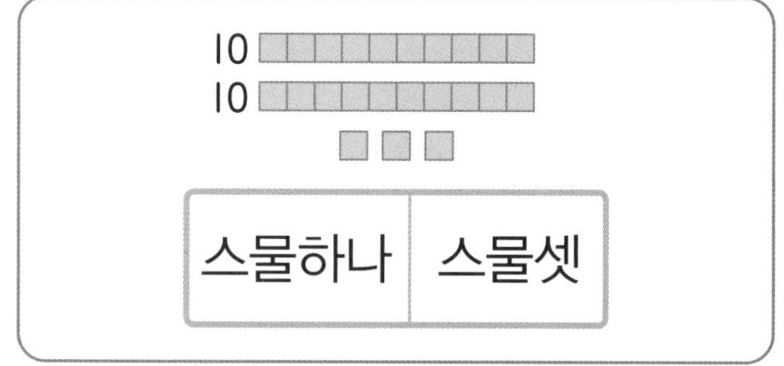

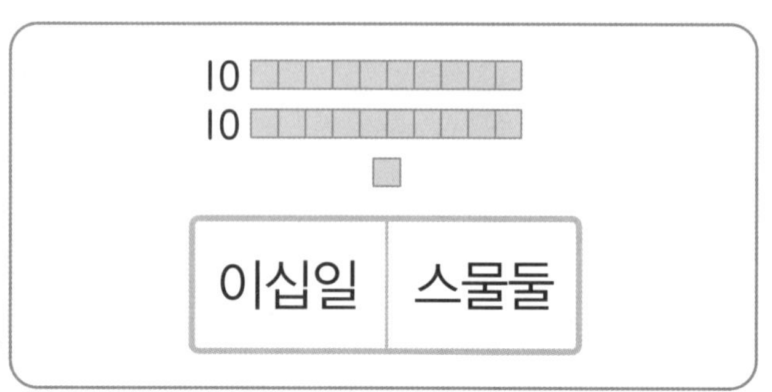

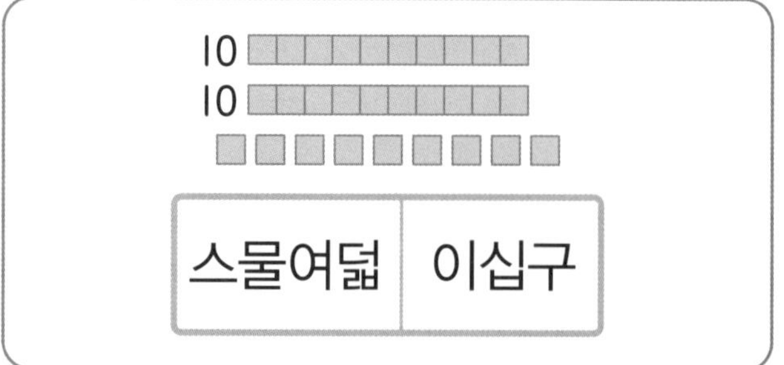

수의 순서를 바르게 하여 □ 안에 써넣어 보세요.

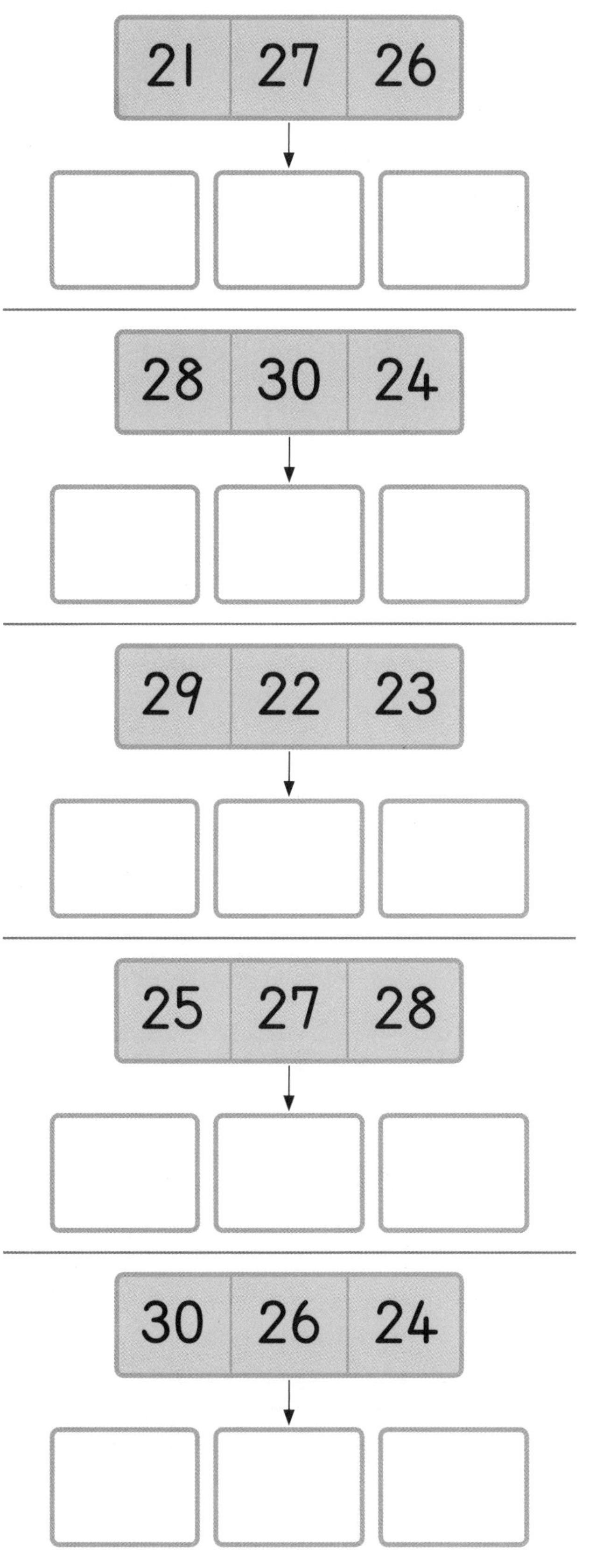

□ 안에 알맞은 수를 써넣어 보세요.

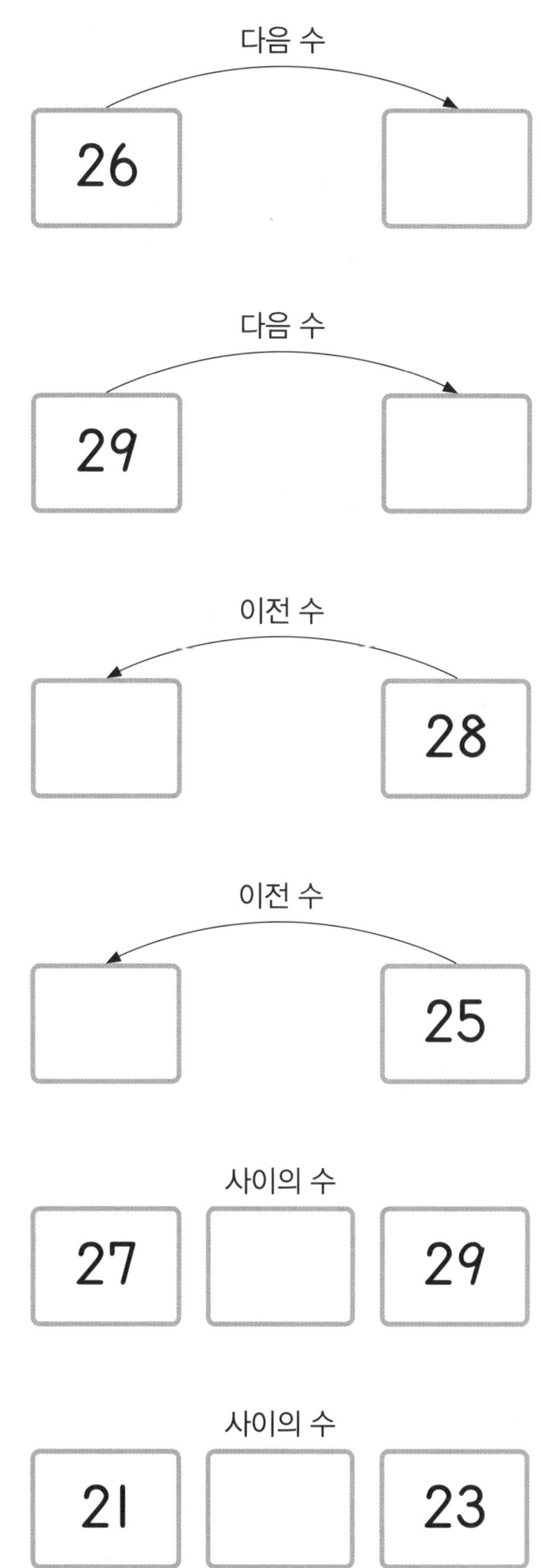

2 주차 더하기 1, 빼기 1

빈칸에 들어갈 알맞은 수에 ◯ 해 보세요.

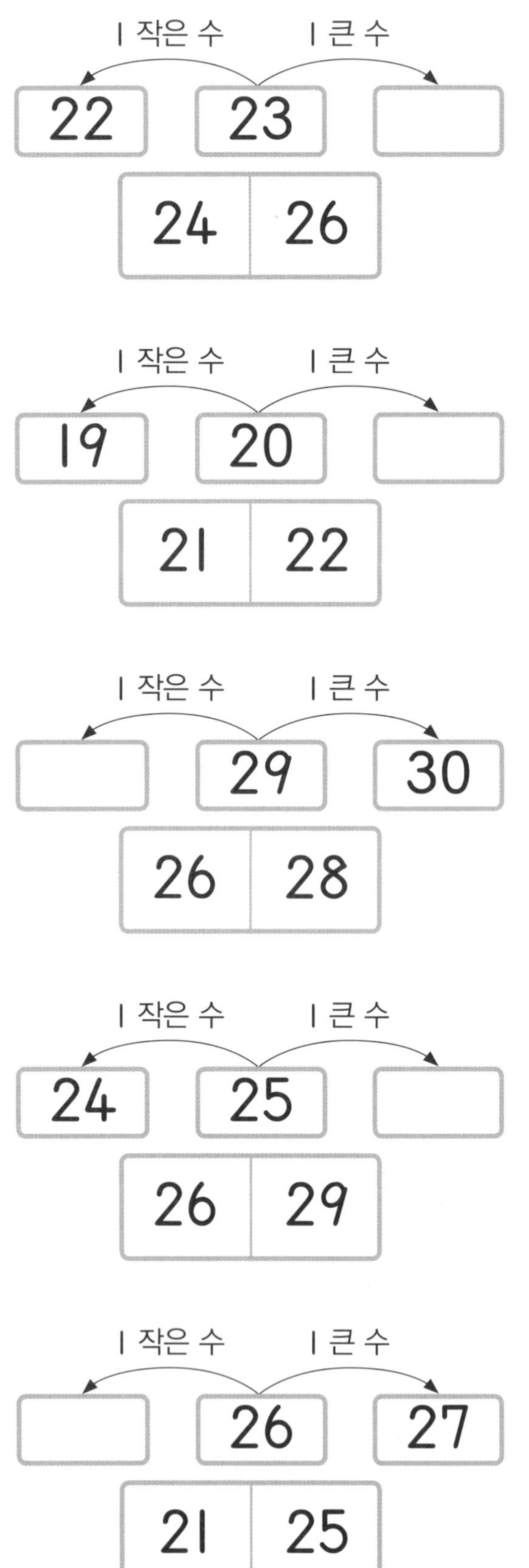

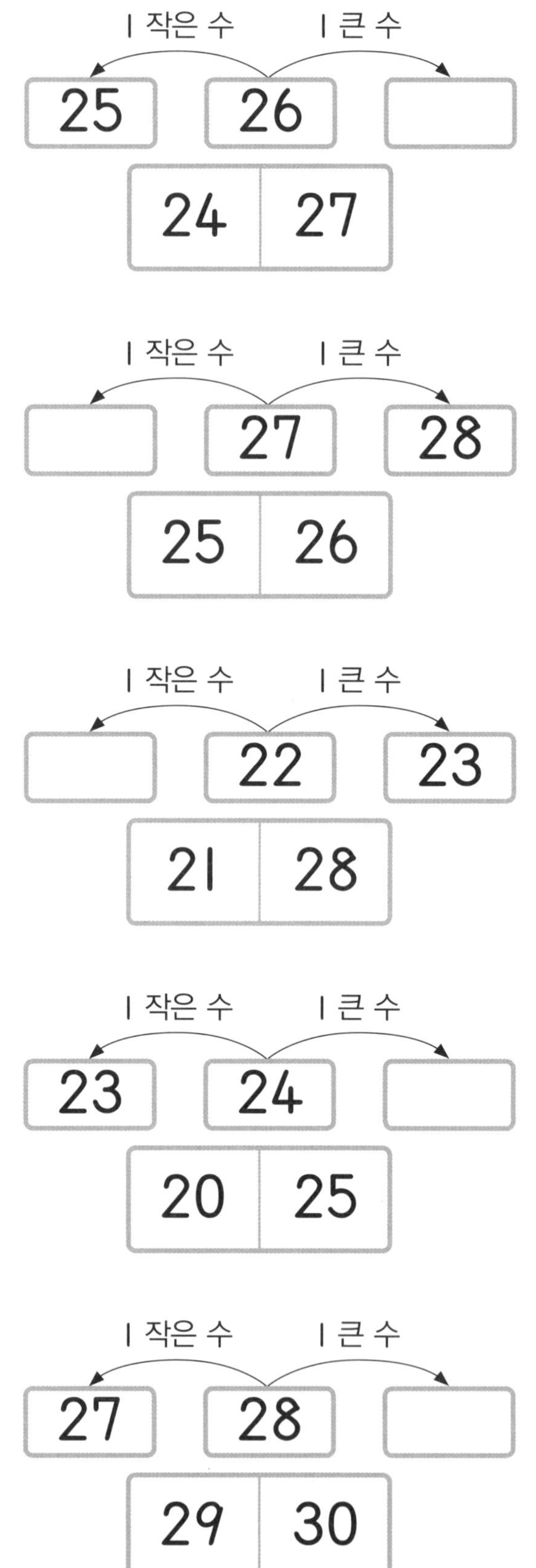

□ 안에 알맞은 수를 써넣어 보세요.

24 + 1 = □

22 − 1 = □

23 + 1 = □

29 + 1 = □

28 − 1 = □

24 − 1 = □

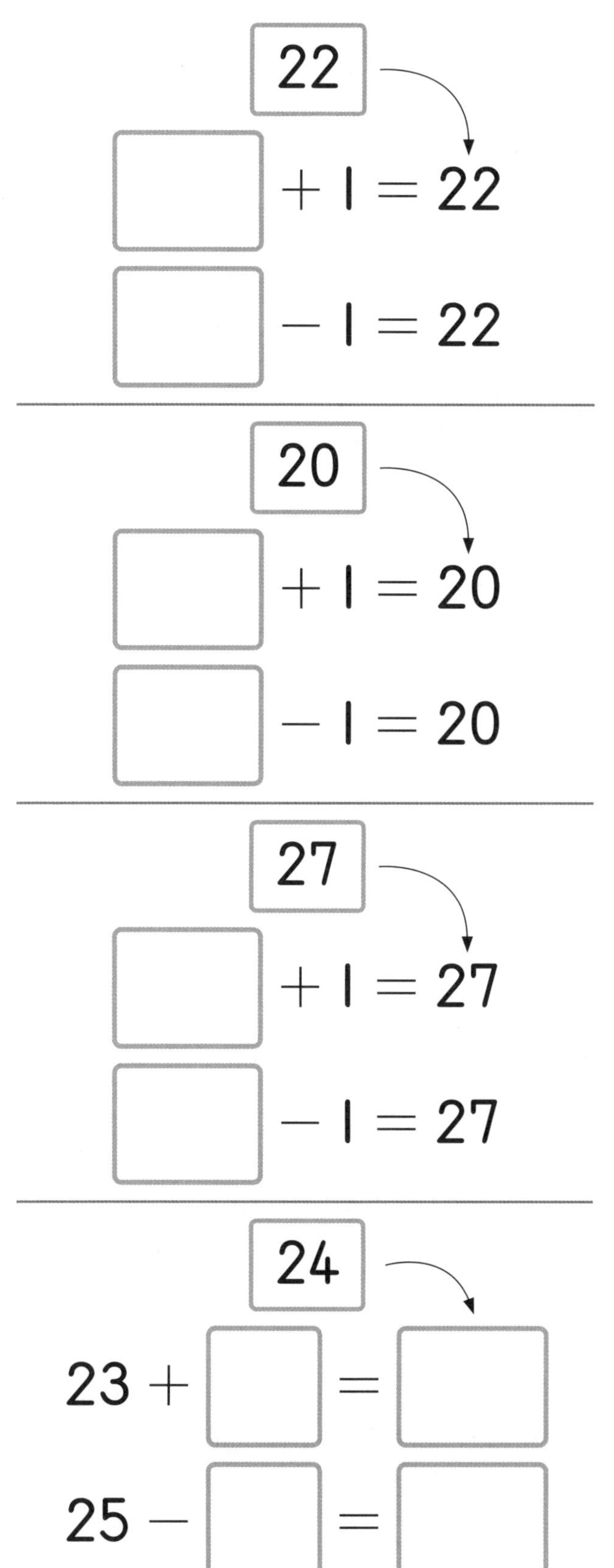

3 주차 더하기 2, 빼기 2

빈칸에 들어갈 알맞은 수에 ◯ 해 보세요.

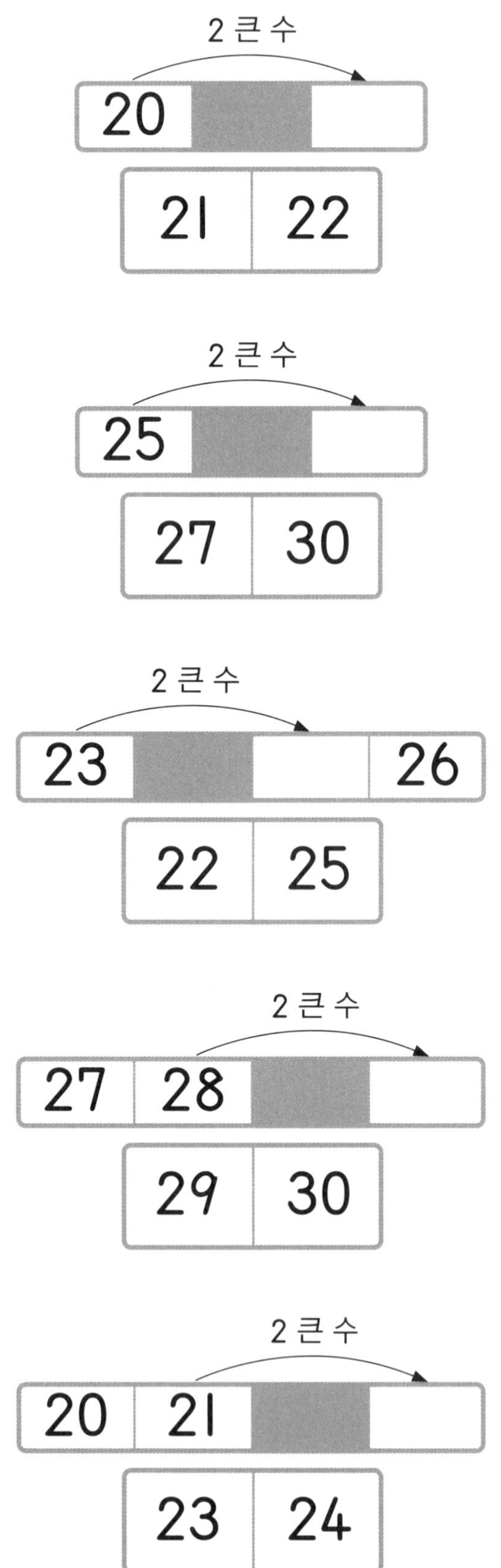

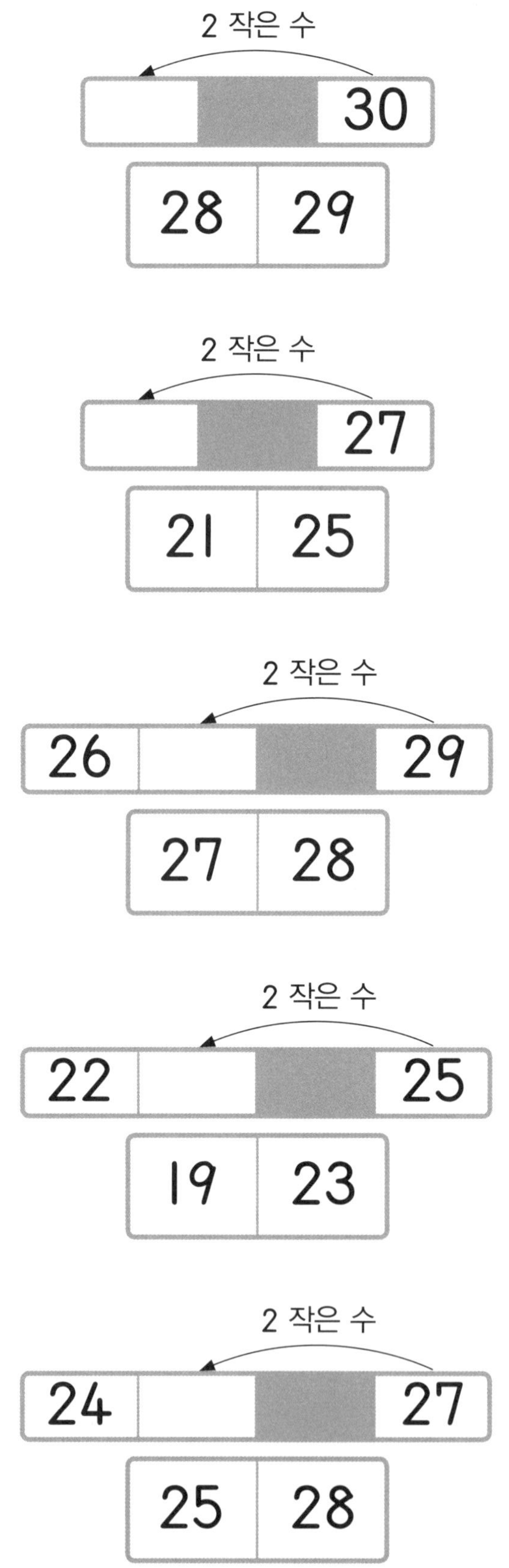

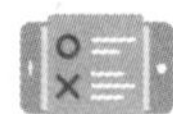

□ 안에 알맞은 수를 써넣어 보세요.

$26 + 2 = \square$

$27 - 2 = \square$

$22 + 2 = \square$

$28 - 2 = \square$

$23 + 2 = \square$

$30 - 2 = \square$

21

$\square + 2 = 21$

$\square - 2 = 21$

27

$\square + 2 = 27$

$\square - 2 = 27$

25

$\square + 2 = 25$

$\square - 2 = 25$

28

$26 + \square = \square$

$30 - \square = \square$

더하기 3, 빼기 3

빈칸에 들어갈 알맞은 수에 ◯ 해 보세요.

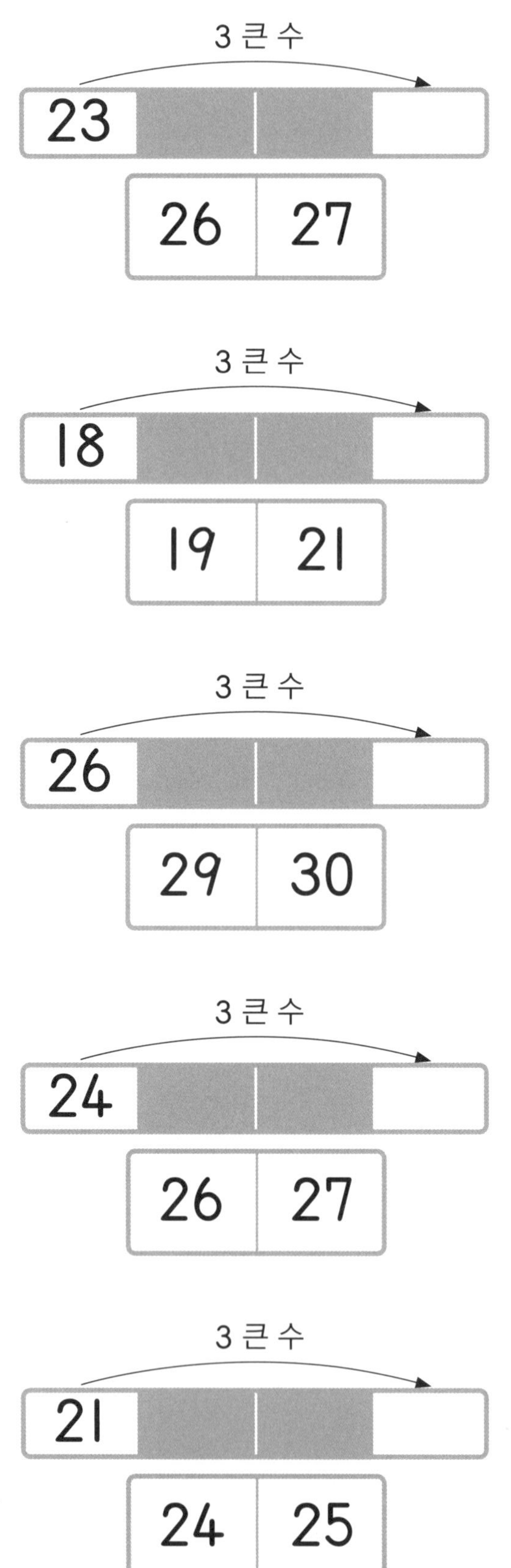

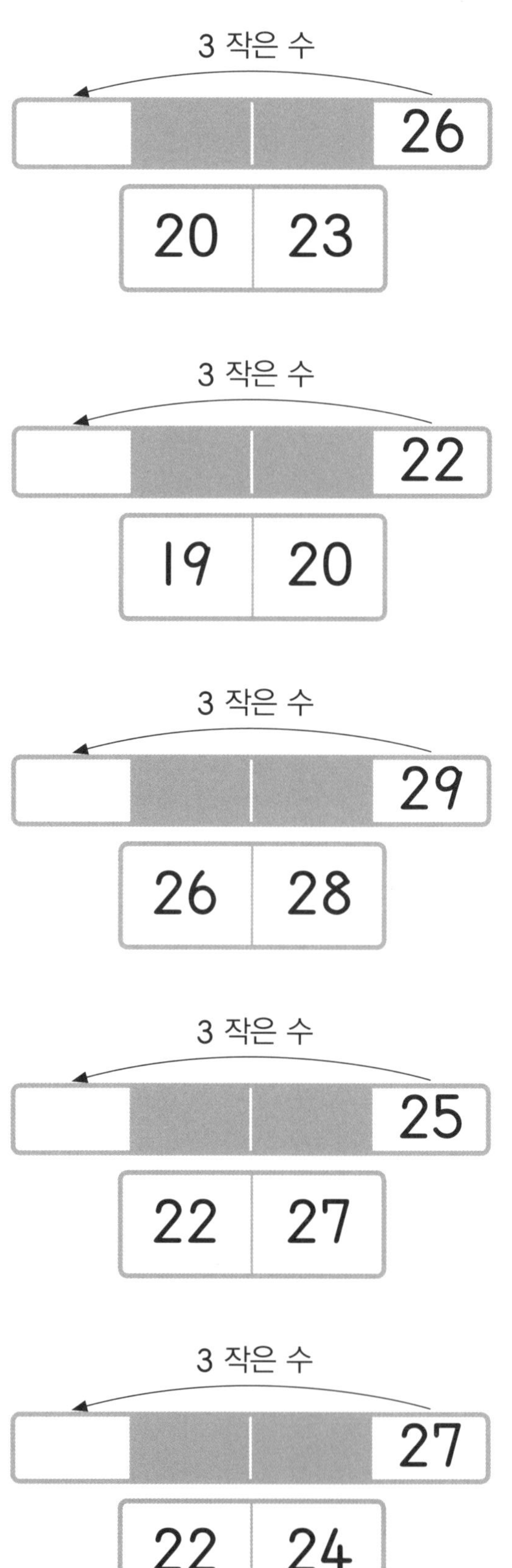

□ 안에 알맞은 수를 써넣어 보세요.

$26 + 3 = \square$

$21 - 3 = \square$

$27 + 3 = \square$

$28 - 3 = \square$

$24 + 3 = \square$

$23 - 3 = \square$

22

$\square + 3 = 22$

$\square - 3 = 22$

25

$\square + 3 = 25$

$\square - 3 = 25$

27

$\square + 3 = 27$

$\square - 3 = 27$

24

$21 + \square = \square$

$27 - \square = \square$

memo

맛있는 퍼팩 연산 | 원리와 사고력이 가득한 퍼즐 팩토리

정답

1주차 P. 10~11

1 일차 21~30 알아보기

월 일

원리 21부터 30까지의 수를 알아보아요.

21	22	23	24	25
이십일, 스물하나	이십이, 스물둘	이십삼, 스물셋	이십사, 스물넷	이십오, 스물다섯

26	27	28	29	30
이십육, 스물여섯	이십칠, 스물일곱	이십팔, 스물여덟	이십구, 스물아홉	삼십, 서른

23 — 10개씩 묶음 2개와 낱개 3개를 23이라고 합니다.

23을 '이십셋' 또는 '스물삼'이라고 읽지 않도록 주의해요.

색연필의 수를 세어 □ 안에 써넣어 보세요.

24 26

28 22

바구니 안에 과일을 10개씩 담았어요. 수를 세어 □ 안에 써넣고 바르게 읽은 것에 ○해 보세요.

수		
21	(이십일)	스물둘
27	십칠	(스물일곱)
25	이십육	(스물다섯)
29	(이십구)	스물여덟
30	스물	(서른)

맛있는 퍼팩 연산 S단계 5권 • 10 맛있는 퍼팩 연산 S단계 5권 • 11

1주차 P. 12~13

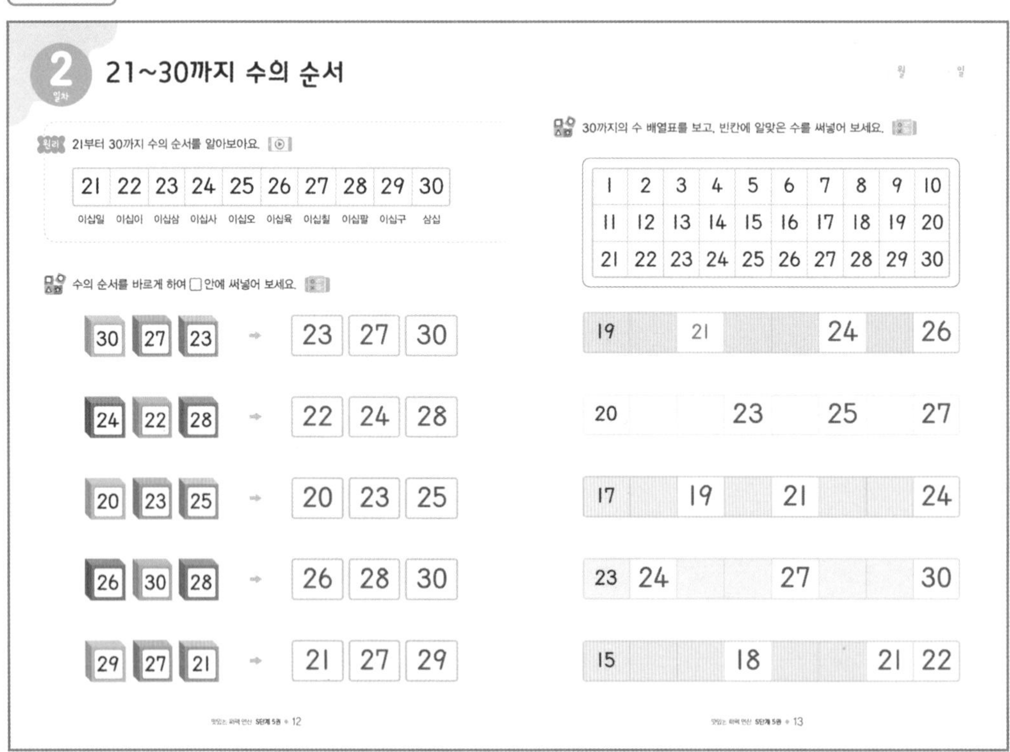

2 일차 21~30까지 수의 순서

월 일

원리 21부터 30까지 수의 순서를 알아보아요.

21	22	23	24	25	26	27	28	29	30
이십일	이십이	이십삼	이십사	이십오	이십육	이십칠	이십팔	이십구	삼십

수의 순서를 바르게 하여 □ 안에 써넣어 보세요.

30 27 23 → 23 27 30

24 22 28 → 22 24 28

20 23 25 → 20 23 25

26 30 28 → 26 28 30

29 27 21 → 21 27 29

30까지의 수 배열표를 보고, 빈칸에 알맞은 수를 써넣어 보세요.

1	2	3	4	5	6	7	8	9	10
11	12	13	14	15	16	17	18	19	20
21	22	23	24	25	26	27	28	29	30

19		21			24		26
20			23		25		27
17		19		21			24
23	24			27			30
15			18			21	22

맛있는 퍼팩 연산 S단계 5권 • 12 맛있는 퍼팩 연산 S단계 5권 • 13

1주차 P. 14~15

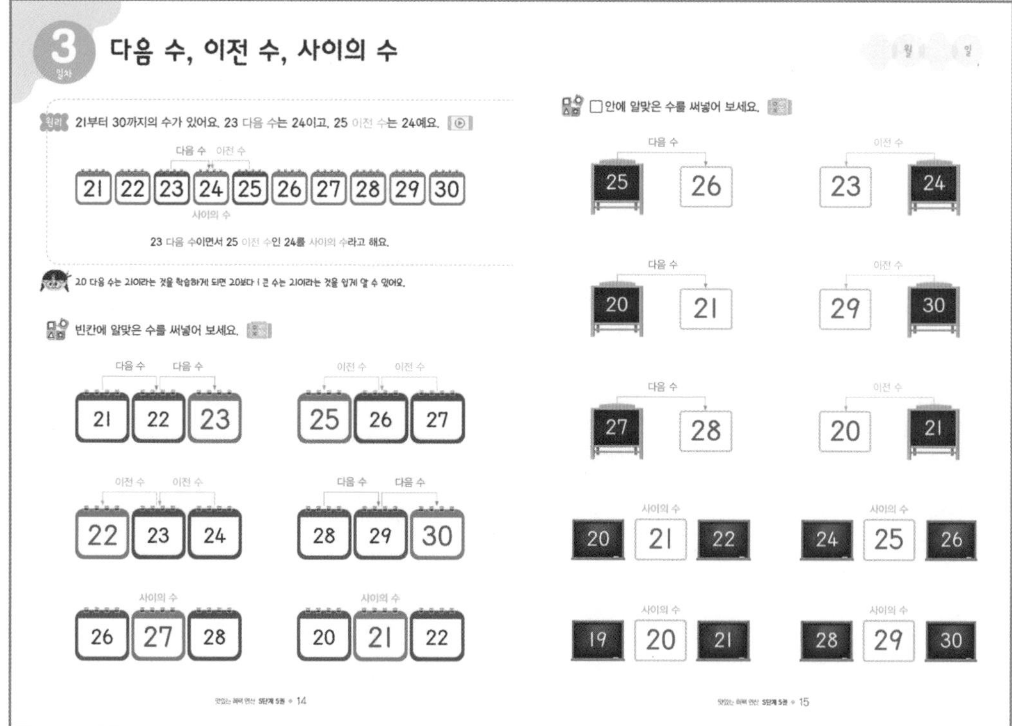

1주차 P. 16~17

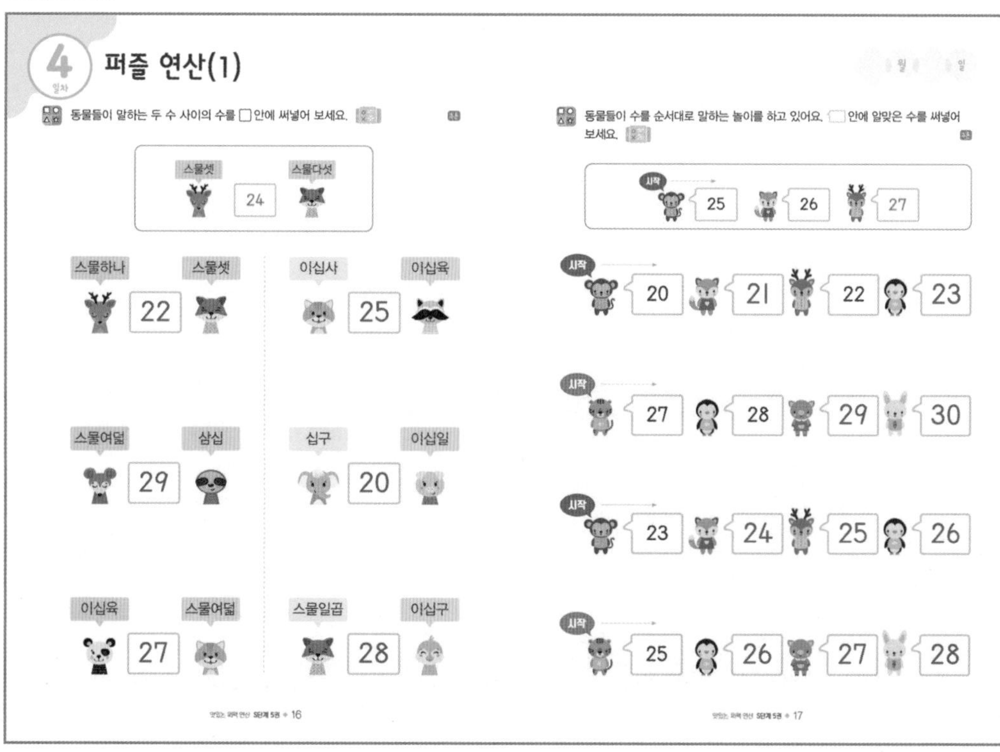

정답

1주차 P. 18~19

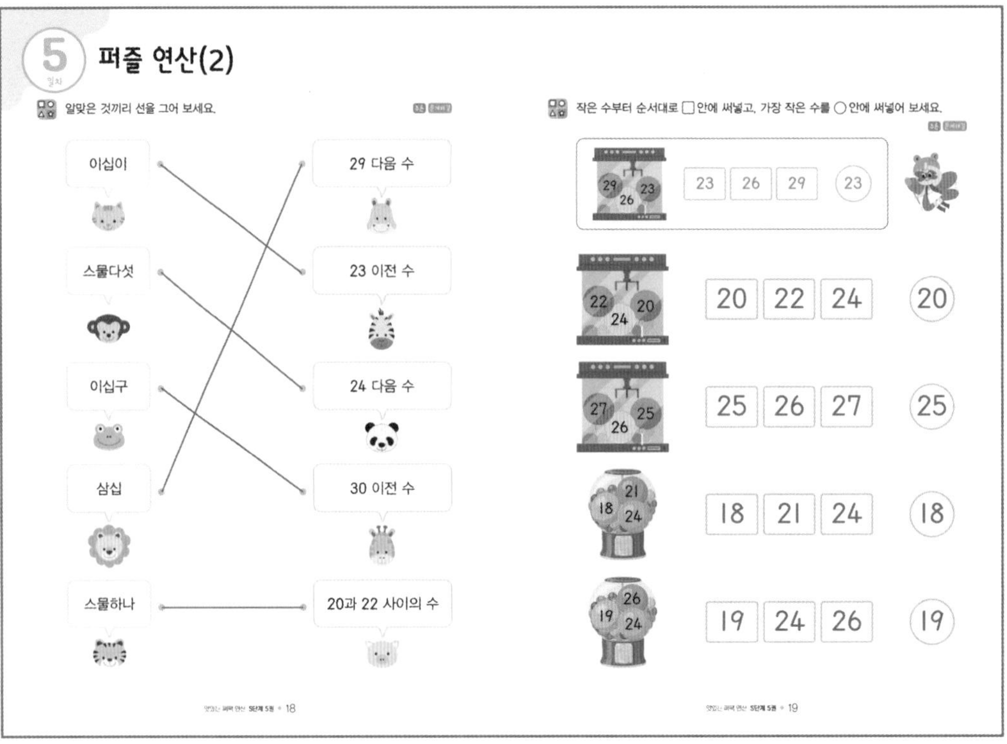

1주차 P. 20~21

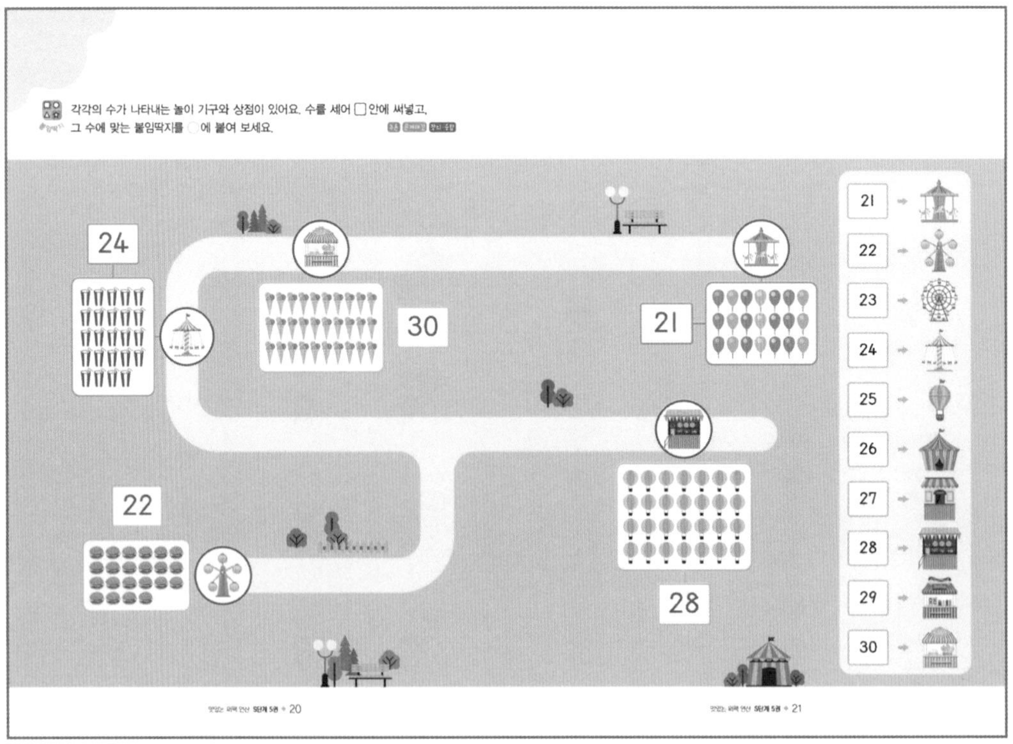

1주차 P. 22

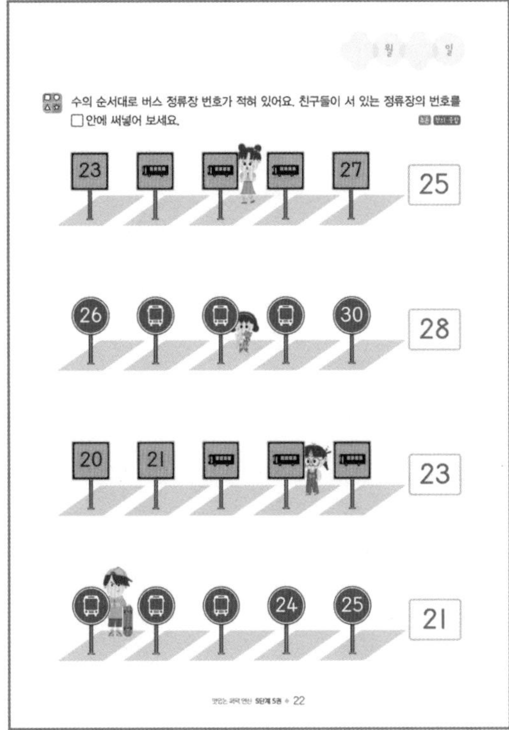

월 일
수의 순서대로 버스 정류장 번호가 적혀 있어요. 친구들이 서 있는 정류장의 번호를 □안에 써넣어 보세요.
23
27
25
26
30
28
20
21
23
24
25
21

정답

2주차 P. 24~25

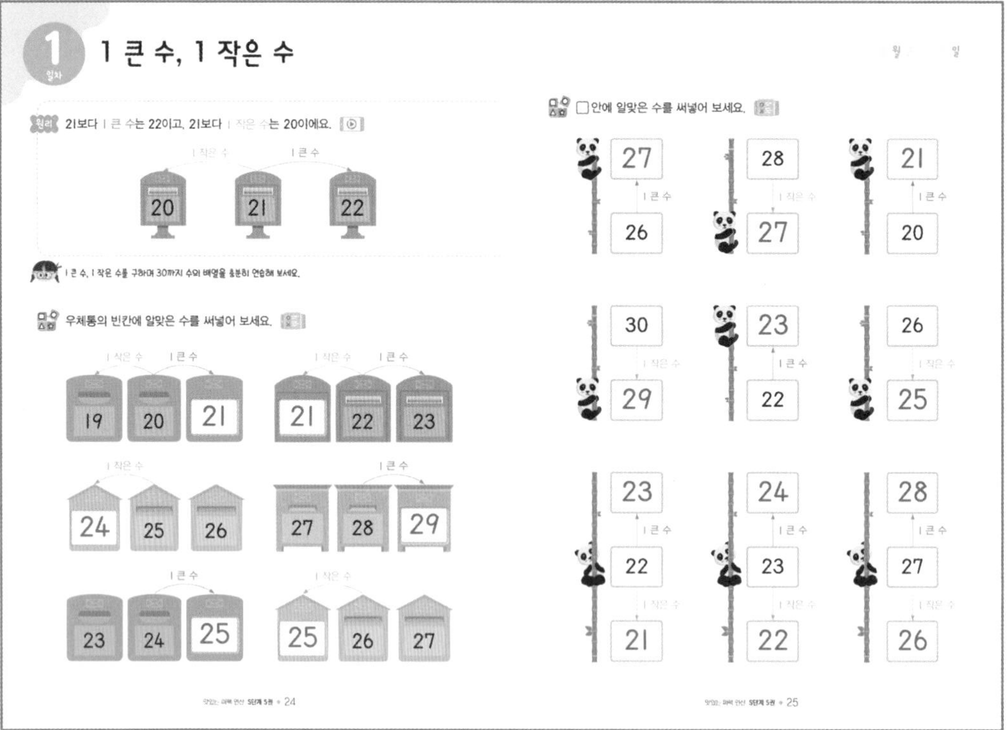

2주차 P. 26~27

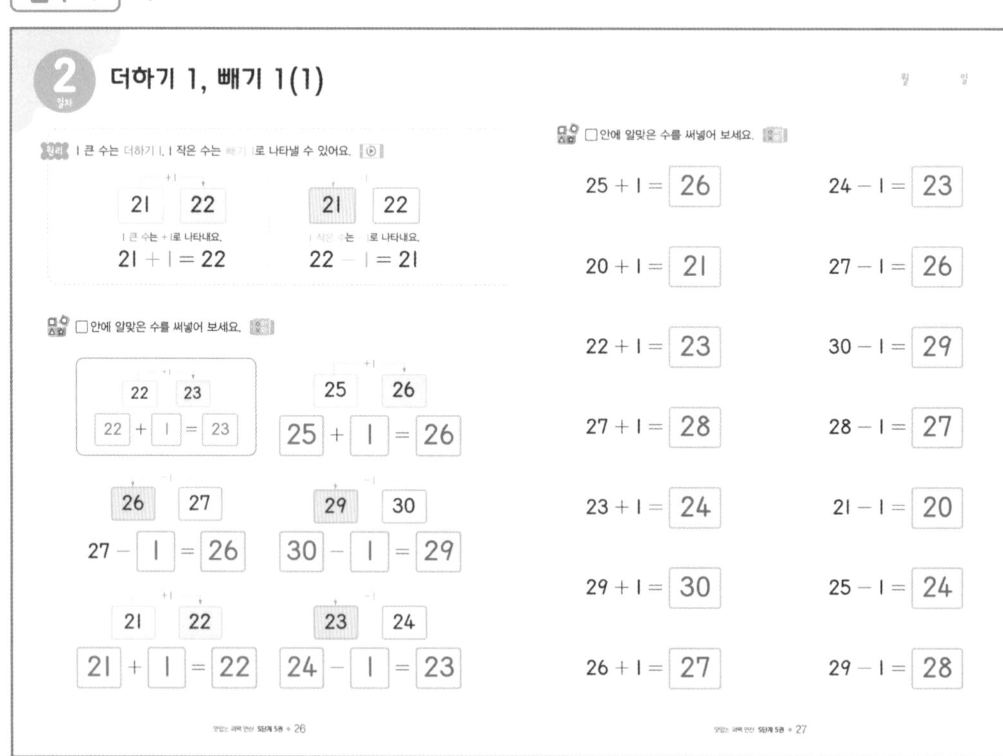

2주차 P. 28~29

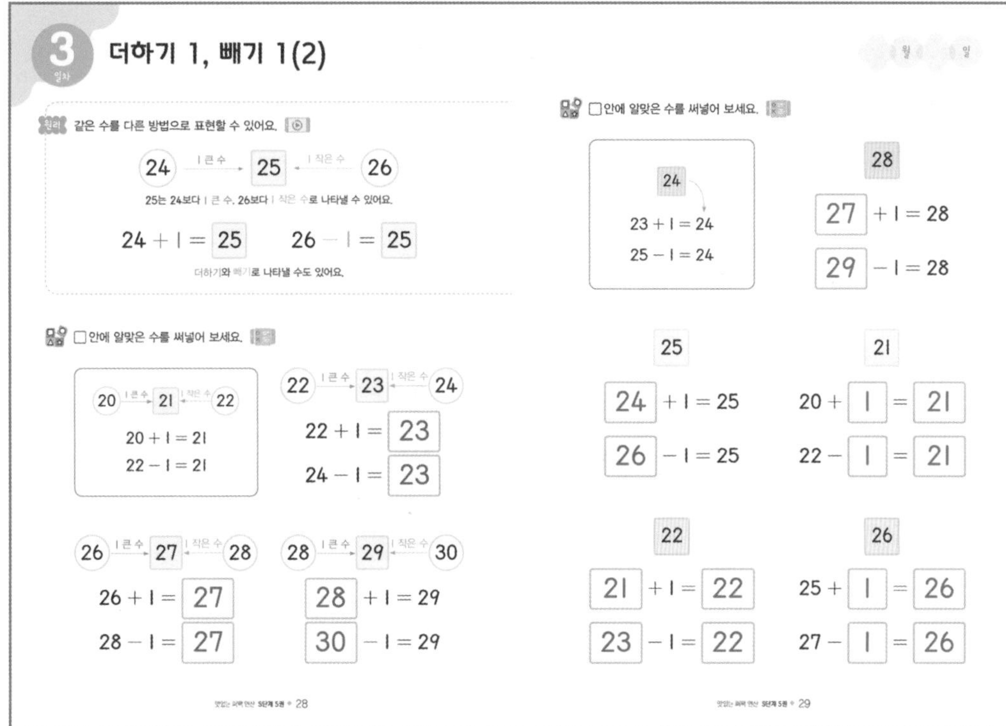

2주차 P. 30~31

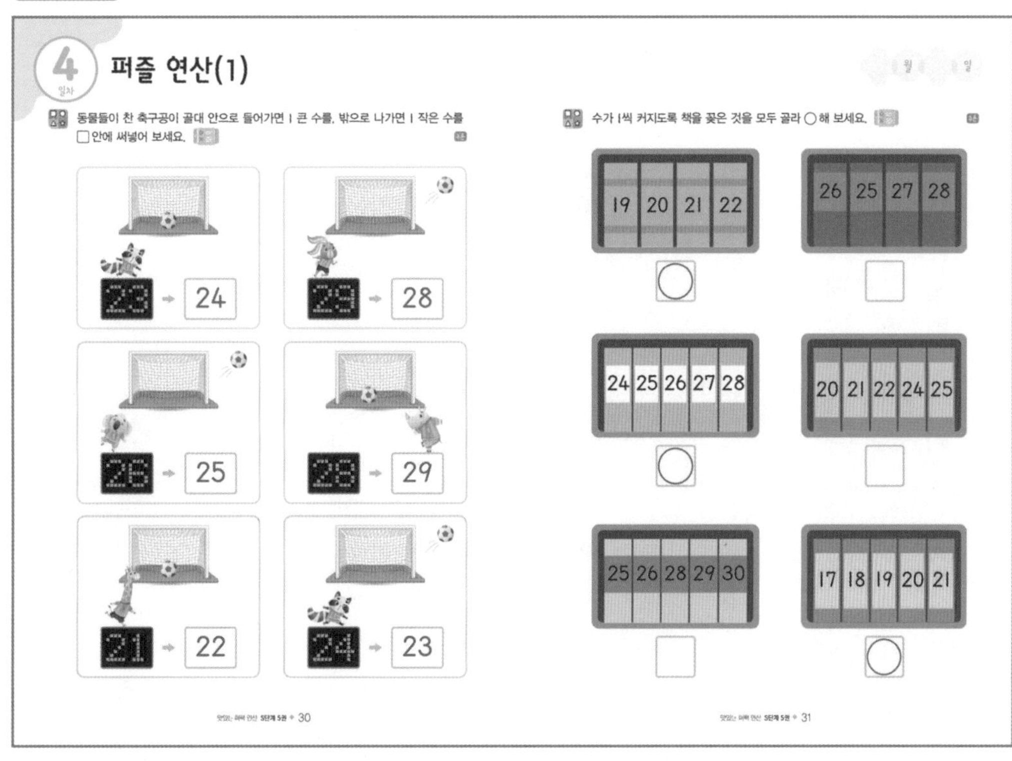

정답

2주차 P. 32~33

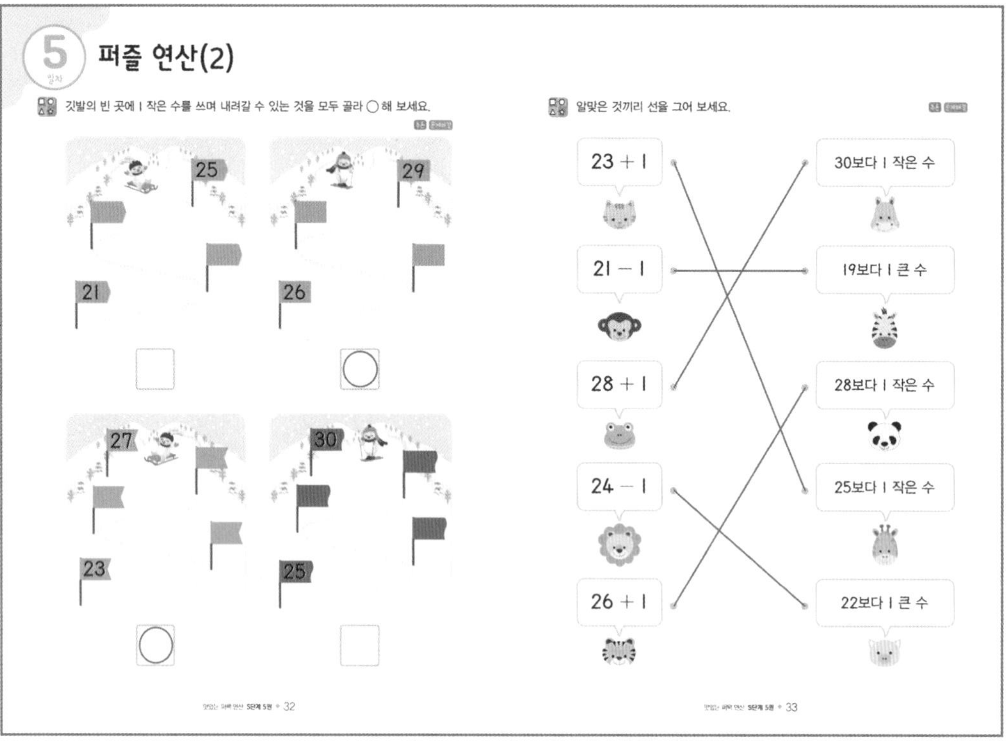

2주차 P. 34

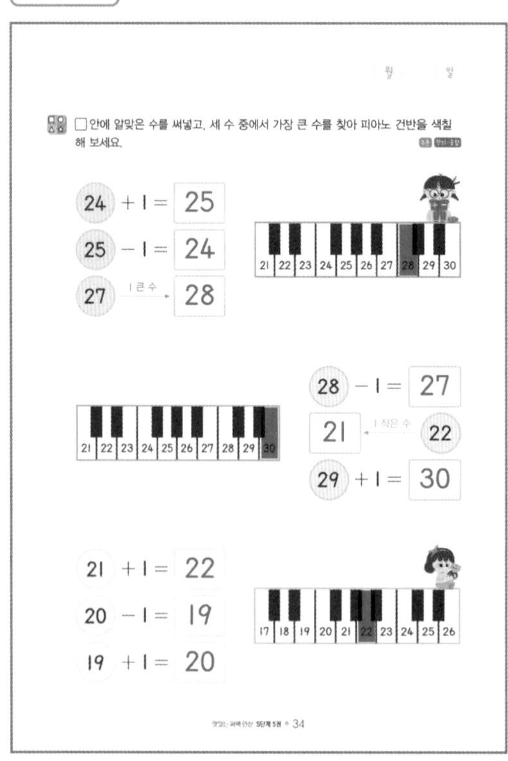

3주차 36~37

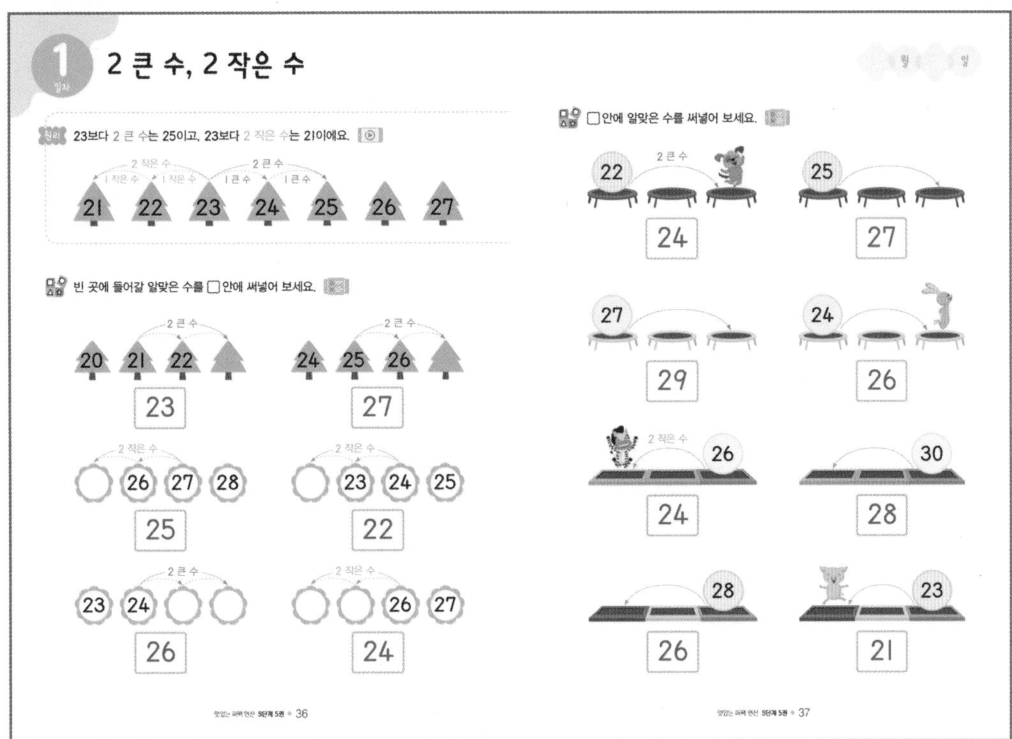

3주차 P. 38~39

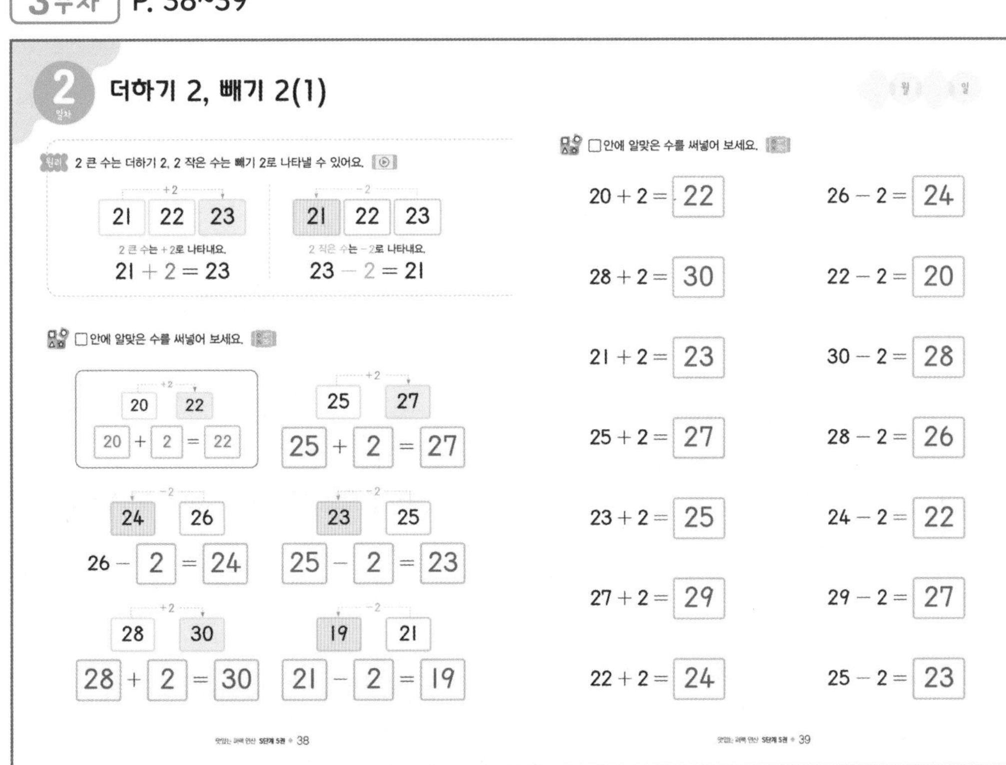

정답

3주차 P. 40~41

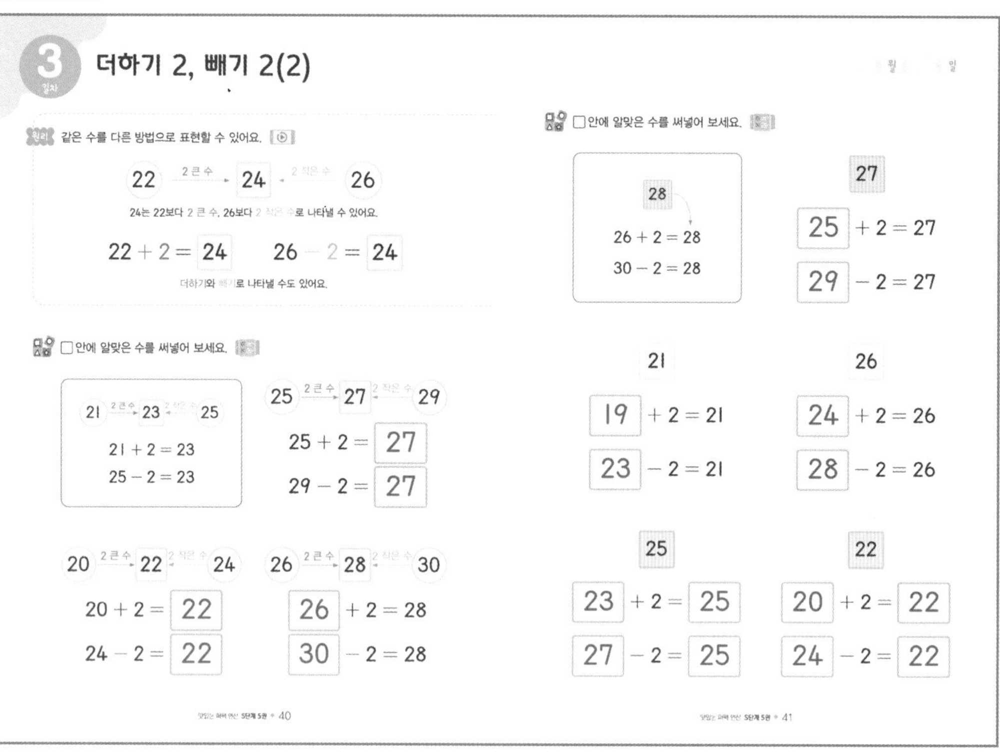

3주차 P. 42~43

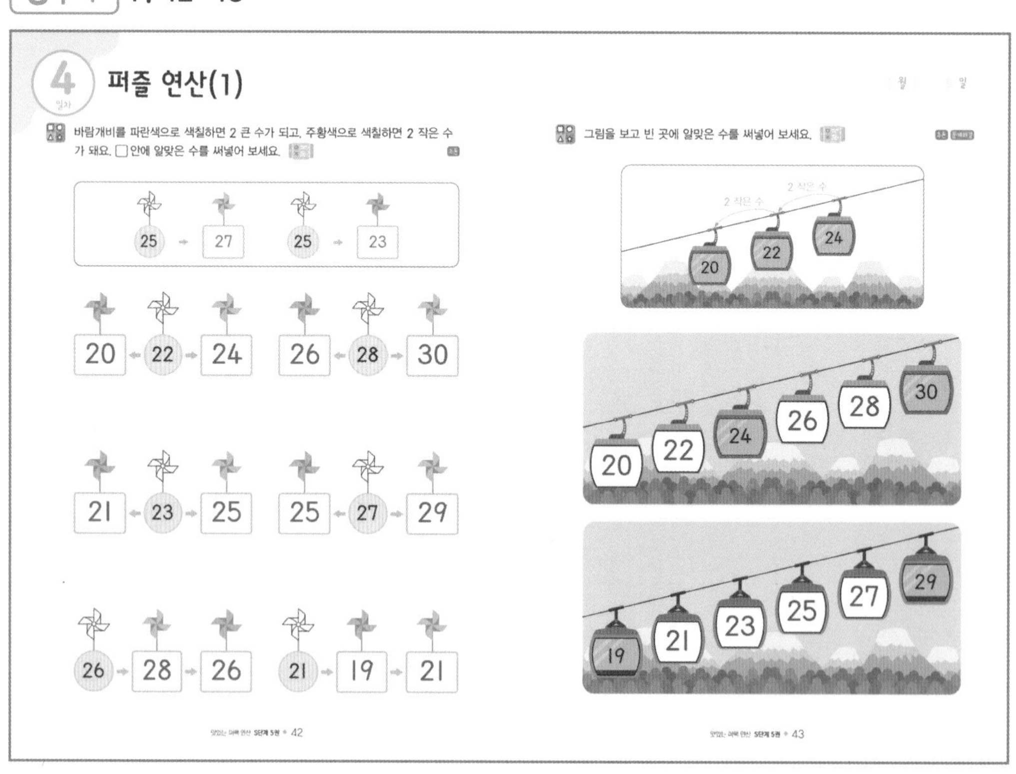

3주차 P. 44~45

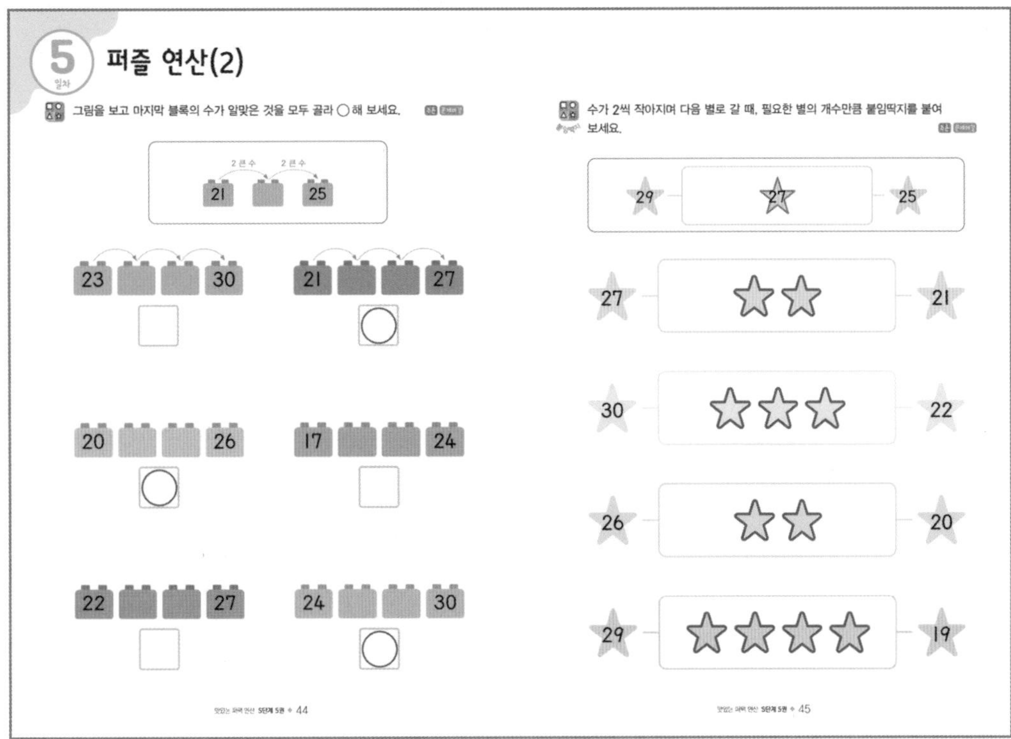

3주차 P. 46~47

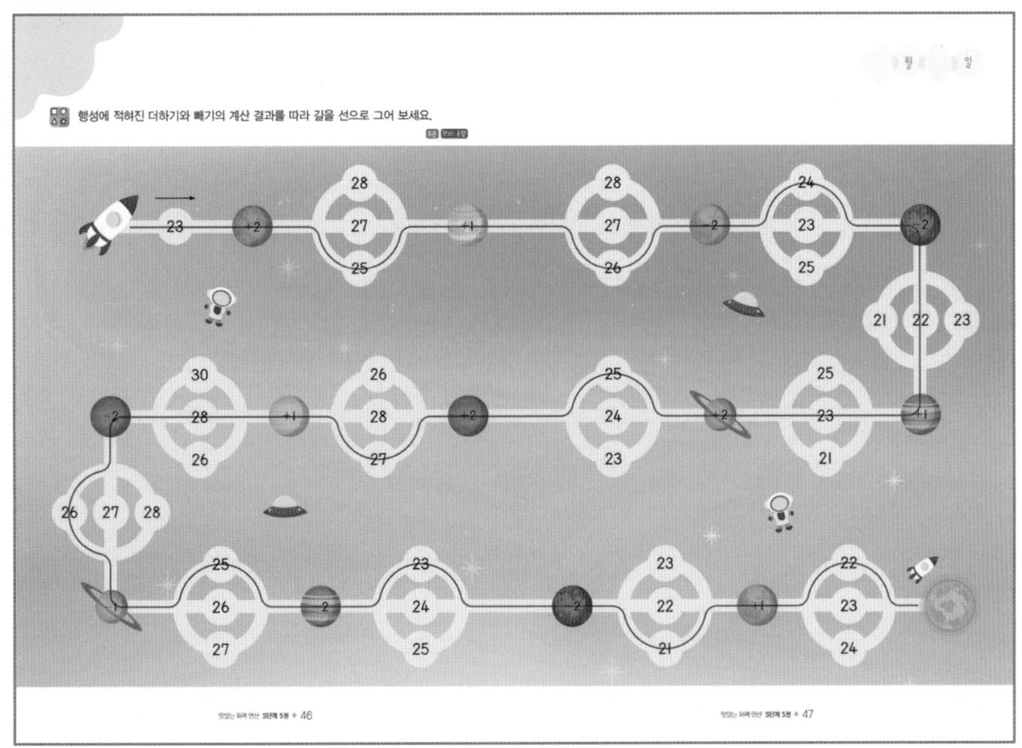

정답

3주차 P. 48

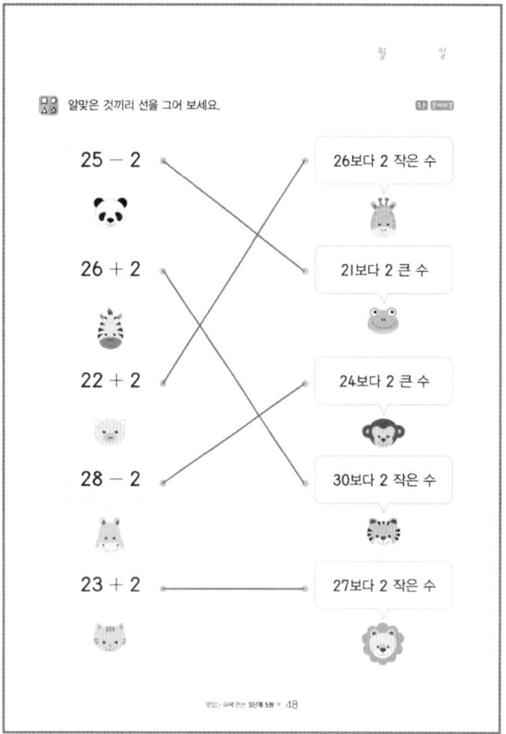

월 일
알맞은 것끼리 선을 그어 보세요.
25 − 2
26 + 2
22 + 2
28 − 2
23 + 2
26보다 2 작은 수
21보다 2 큰 수
24보다 2 큰 수
30보다 2 작은 수
27보다 2 작은 수

4주차 P. 50~51

4주차 P. 52~53

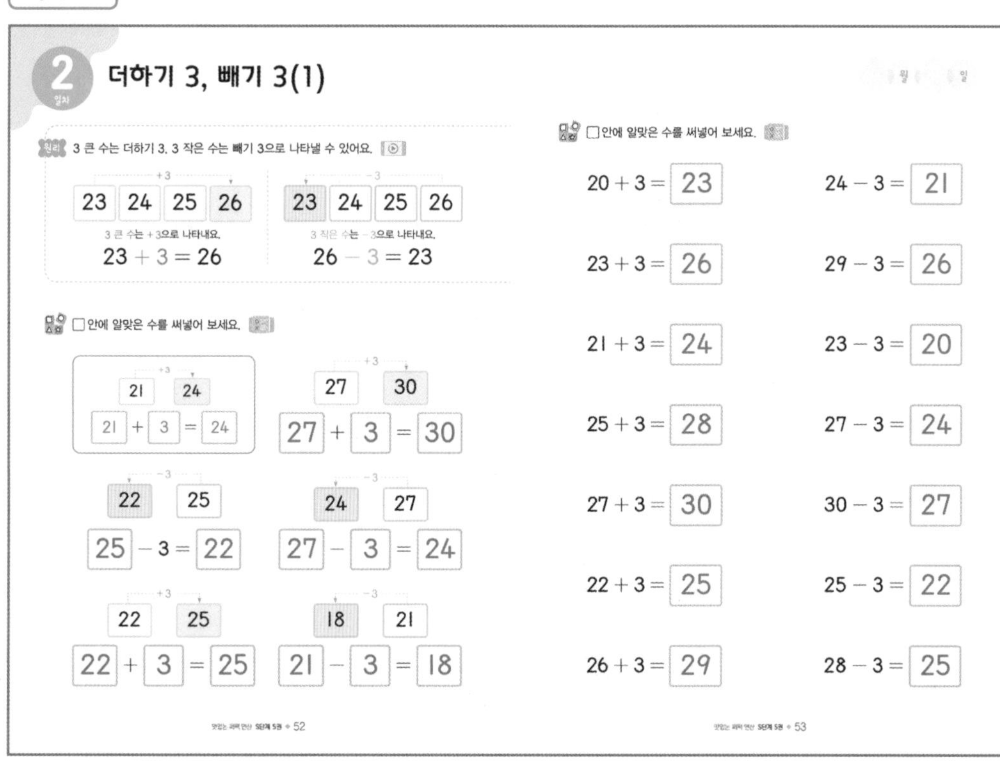

정답

4주차 P. 54~55

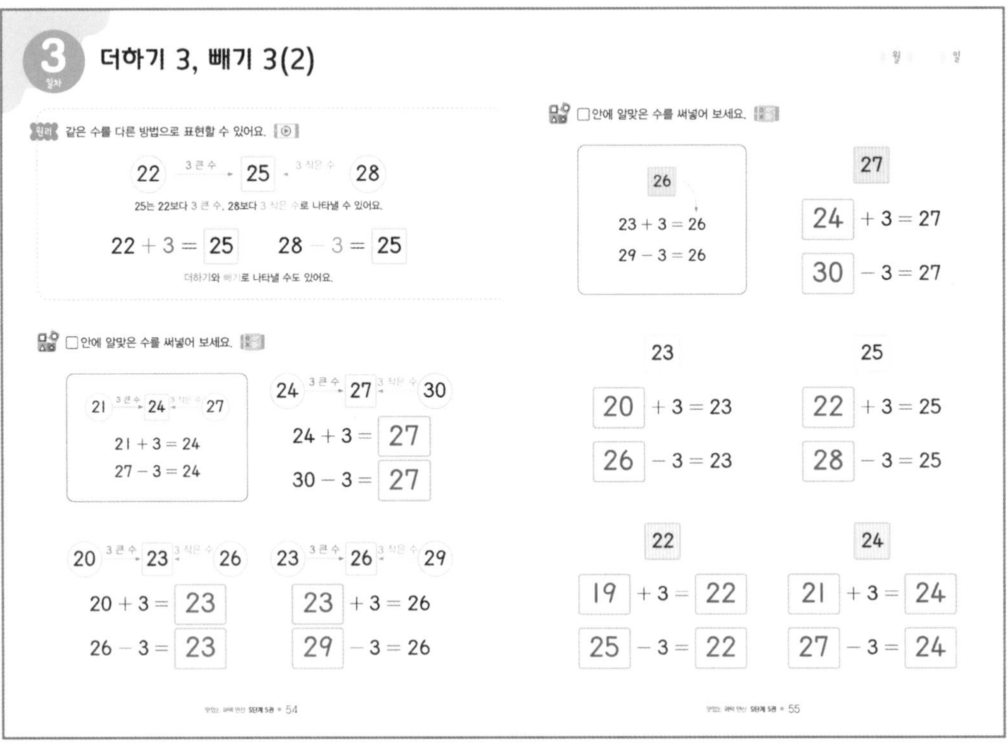

3 일차 더하기 3, 빼기 3(2)

원리 같은 수를 다른 방법으로 표현할 수 있어요.

22 —3 큰 수→ 25 ←3 작은 수— 28

25는 22보다 3 큰 수, 28보다 3 작은 수로 나타낼 수 있어요.

22 + 3 = 25 28 − 3 = 25

더하기와 빼기로 나타낼 수도 있어요.

□ 안에 알맞은 수를 써넣어 보세요.

21 —3 큰 수→ 24 ←3 작은 수— 27
21 + 3 = 24
27 − 3 = 24

24 —3 큰 수→ 27 ←3 작은 수— 30
24 + 3 = 27
30 − 3 = 27

20 —3 큰 수→ 23 ←3 작은 수— 26
20 + 3 = 23
26 − 3 = 23

23 —3 큰 수→ 26 ←3 작은 수— 29
23 + 3 = 26
29 − 3 = 26

□ 안에 알맞은 수를 써넣어 보세요.

26
23 + 3 = 26
29 − 3 = 26

27
24 + 3 = 27
30 − 3 = 27

23
20 + 3 = 23
26 − 3 = 23

25
22 + 3 = 25
28 − 3 = 25

22
19 + 3 = 22
25 − 3 = 22

24
21 + 3 = 24
27 − 3 = 24

4주차 P. 56~57

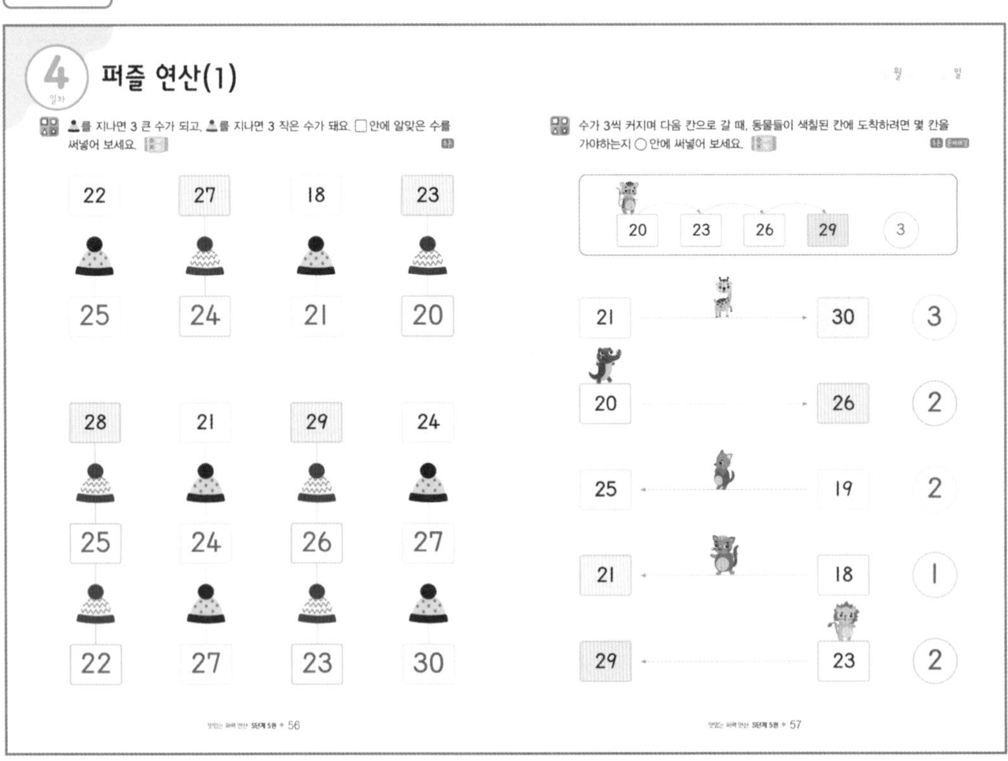

4 일차 퍼즐 연산(1)

(모자)를 지나면 3 큰 수가 되고, (모자)를 지나면 3 작은 수가 돼요. □ 안에 알맞은 수를 써넣어 보세요.

22	27	18	23
25	24	21	20

28	21	29	24
25	24	26	27
22	27	23	30

수가 3씩 커지며 다음 칸으로 갈 때, 동물들이 색칠된 칸에 도착하려면 몇 칸을 가야하는지 ○ 안에 써넣어 보세요.

20 → 23 → 26 → 29 : 3

21 → 30 : 3
20 → 26 : 2
25 ← 19 : 2
21 ← 18 : 1
29 ← 23 : 2

4주차 P. 58~59

퍼즐 연산(2)

계산 결과가 바른 식에 사과 붙임딱지를 붙여 보세요.

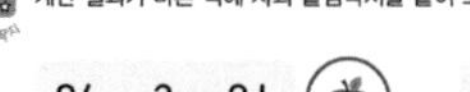

24 − 3 = 21 ● 26 − 1 = 27
21 + 3 = 25 26 + 2 = 28 ●

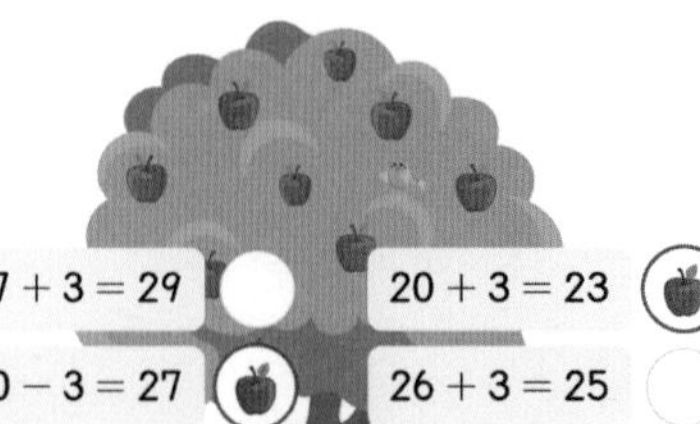

27 + 3 = 29 20 + 3 = 23 ●
30 − 3 = 27 ● 26 + 3 = 25

21 + 2 = 22 28 + 3 = 26
21 − 2 = 19 ● 26 + 3 = 29 ●

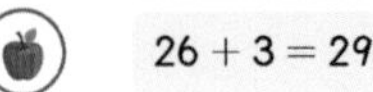

□안에 알맞은 수를 써넣고, 세 수 중에서 가장 작은 수를 찾아 피아노 건반을 색칠해 보세요.

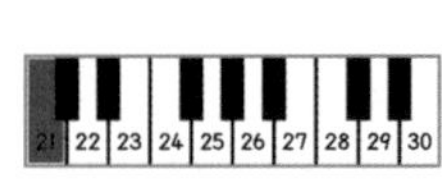

25 − 3 = 22
22 + 2 = 24
18 + 3 = 21

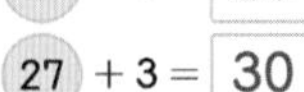

29 − 3 = 26
27 + 3 = 30
30 − 3 = 27

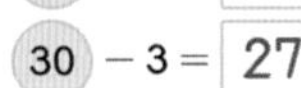

19 + 1 = 20
24 − 3 = 21
21 − 2 = 19

정답

퍼팩 사고력 P. 60

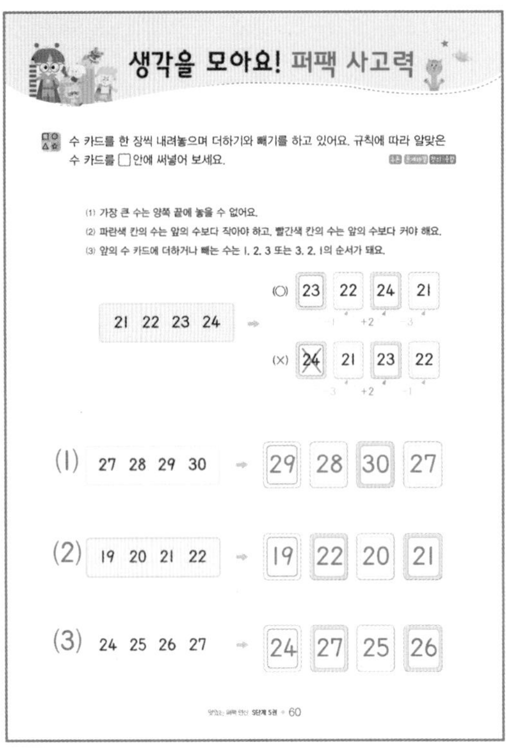

생각을 모아요! 퍼팩 사고력

수 카드를 한 장씩 내려놓으며 더하기와 빼기를 하고 있어요. 규칙에 따라 알맞은 수 카드를 □안에 써넣어 보세요.

⑴ 가장 큰 수는 양쪽 끝에 놓을 수 없어요.
⑵ 파란색 칸의 수는 앞의 수보다 작아야 하고, 빨간색 칸의 수는 앞의 수보다 커야 해요.
⑶ 앞의 수 카드에 더하거나 빼는 수는 1, 2, 3 또는 3, 2, 1의 순서가 돼요.

21 22 23 24 → (○) 23 22 24 21 (−1, +2, −3)
(×) 24 21 23 22 (−3, +2, −1)

(1) 27 28 29 30 → 29 28 30 27

(2) 19 20 21 22 → 19 22 20 21

(3) 24 25 26 27 → 24 27 25 26

맛있는 퍼팩 연산 S단계 5권 · 60

풀이

(1) ㉠ 29, ㉡ 28, ㉢ 30, ㉣ 27 (−1, +2, −3)

① 가장 큰 수 30은 ㉡ 또는 ㉢에 놓아야 해요.
또한, ㉡은 ㉠보다 작은 수이므로
30은 ㉡에 들어갈 수 없어요. 따라서 ㉢ 30이에요.

② ㉢은 ㉡보다 2 큰 수이므로 ㉡ 28이에요.

③ ㉡은 ㉠보다 작은 수이므로 ㉠ 29, ㉣ 27이에요.

(2) ㉠ 19, ㉡ 22, ㉢ 20, ㉣ 21 (+3, −2, +1)

① 가장 큰 수 22는 ㉡ 또는 ㉢에 놓아야 해요.
또한, ㉣은 ㉢보다 큰 수이므로
22는 ㉢에 들어갈 수 없어요. 따라서 ㉡ 22예요.

② ㉢은 ㉡보다 2 작은 수이므로 ㉢ 20이에요.

③ ㉣은 ㉢보다 큰 수이므로 ㉣ 21, ㉠ 19예요.

(3) ㉠ 24, ㉡ 27, ㉢ 25, ㉣ 26 (+3, −2, +1)

① 가장 큰 수 27은 ㉡ 또는 ㉢에 놓아야 해요.
또한, ㉣은 ㉢보다 큰 수이므로
27은 ㉢에 들어갈 수 없어요. 따라서 ㉡ 27이에요.

② ㉢은 ㉡보다 2 작은 수이므로 ㉢ 25예요.

③ ㉣은 ㉢보다 큰 수이므로 ㉣ 26, ㉠ 24예요.

◆ 집중! 드릴 연산

1주차 P. 62~63

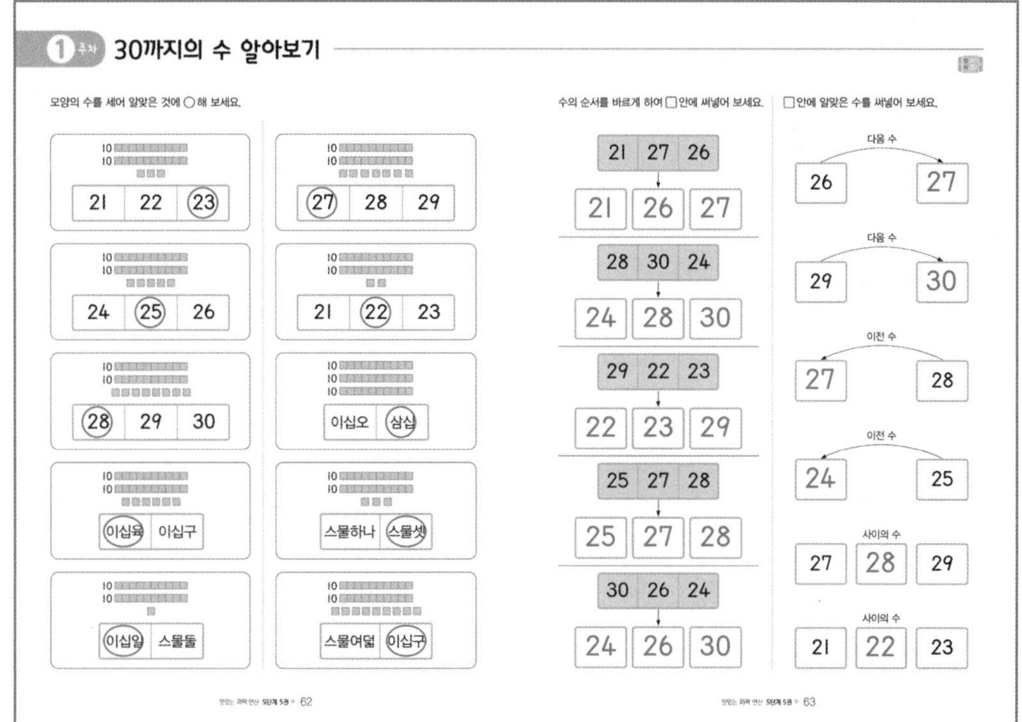

2주차 P. 64~65

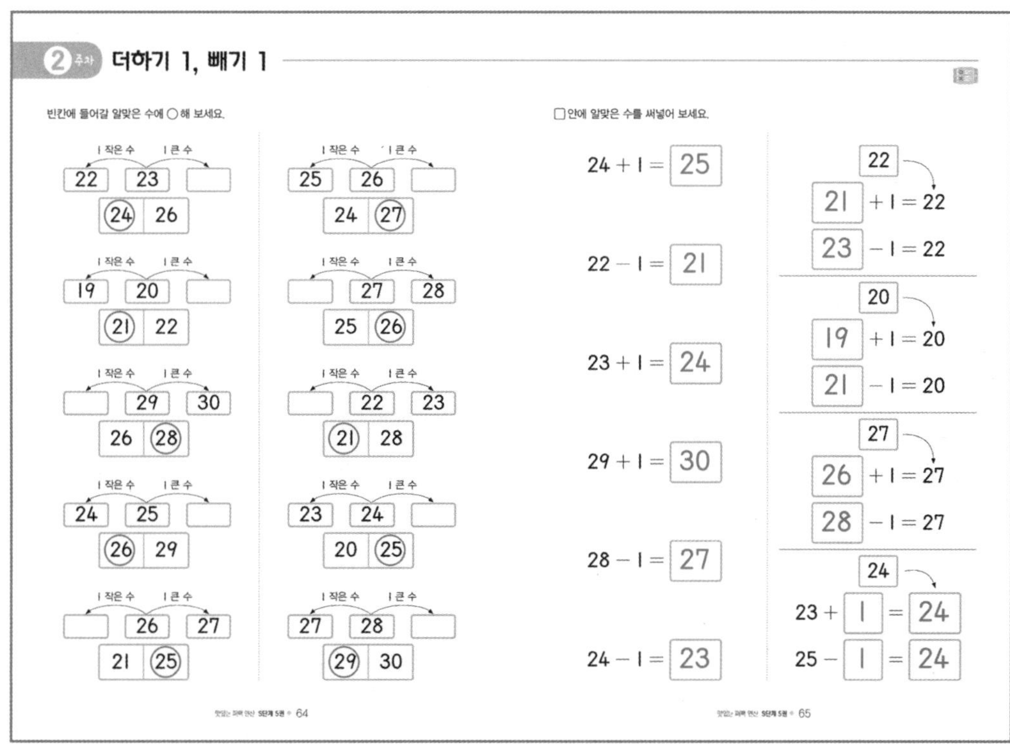

정답

3주차 P. 66~67

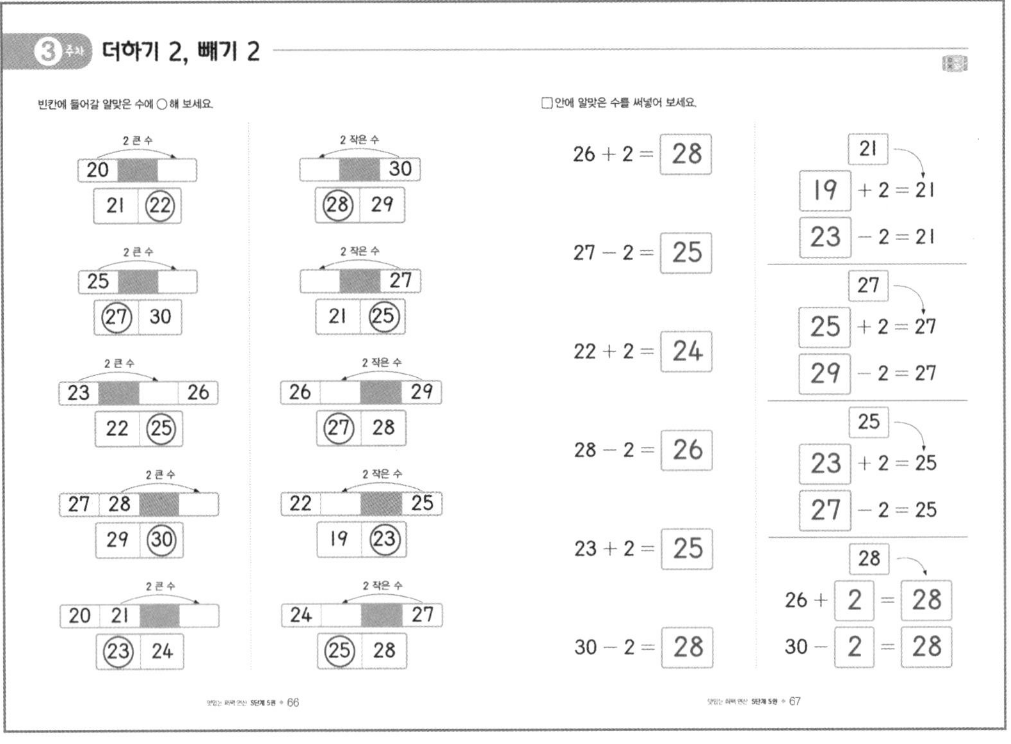
3주차 더하기 2, 빼기 2

빈칸에 들어갈 알맞은 수에 ○해 보세요.

2 큰 수: 20 □ — 21, (22)
2 큰 수: 25 □ — (27), 30
2 큰 수: 23 □ 26 — 22, (25)
2 큰 수: 27 28 □ — 29, (30)
2 큰 수: 20 21 □ — (23), 24

2 작은 수: □ 30 — (28), 29
2 작은 수: □ 27 — 21, (25)
2 작은 수: 26 □ 29 — (27), 28
2 작은 수: 22 □ 25 — 19, (23)
2 작은 수: 24 □ 27 — (25), 28

맛있는 퍼팩 연산 S단계 5권 • 66

□안에 알맞은 수를 써넣어 보세요.

26 + 2 = 28
27 − 2 = 25
22 + 2 = 24
28 − 2 = 26
23 + 2 = 25
30 − 2 = 28

21: 19 + 2 = 21, 23 − 2 = 21
27: 25 + 2 = 27, 29 − 2 = 27
25: 23 + 2 = 25, 27 − 2 = 25
28: 26 + 2 = 28, 30 − 2 = 28

맛있는 퍼팩 연산 S단계 5권 • 67

4주차 P. 68~69

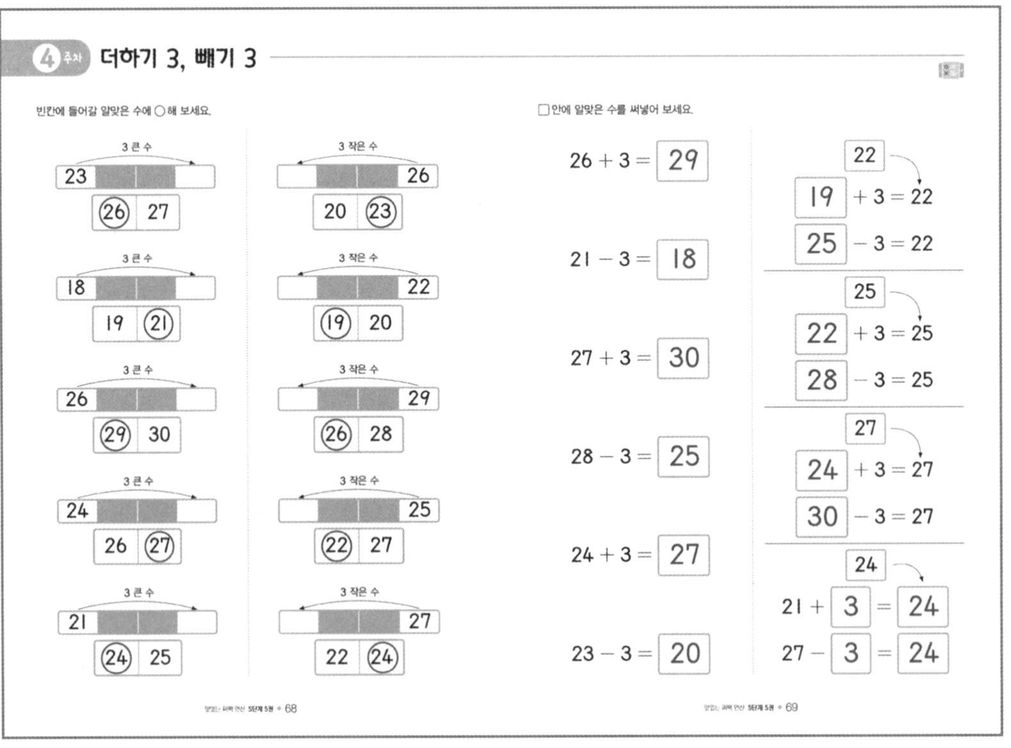
4주차 더하기 3, 빼기 3

빈칸에 들어갈 알맞은 수에 ○해 보세요.

3 큰 수: 23 □ — (26), 27
3 큰 수: 18 □ — 19, (21)
3 큰 수: 26 □ — (29), 30
3 큰 수: 24 □ — 26, (27)
3 큰 수: 21 □ — (24), 25

3 작은 수: □ 26 — 20, (23)
3 작은 수: □ 22 — (19), 20
3 작은 수: □ 29 — (26), 28
3 작은 수: □ 25 — (22), 27
3 작은 수: □ 27 — 22, (24)

맛있는 퍼팩 연산 S단계 5권 • 68

□안에 알맞은 수를 써넣어 보세요.

26 + 3 = 29
21 − 3 = 18
27 + 3 = 30
28 − 3 = 25
24 + 3 = 27
23 − 3 = 20

22: 19 + 3 = 22, 25 − 3 = 22
25: 22 + 3 = 25, 28 − 3 = 25
27: 24 + 3 = 27, 30 − 3 = 27
24: 21 + 3 = 24, 27 − 3 = 24

맛있는 퍼팩 연산 S단계 5권 • 69